Software Design plus

AIエンジニアを目指す人のための機械学習入門

実装しながらアルゴリズムの流れを学ぶ

電通国際情報サービス
清水 琢也、小川 雄太郎［著］

技術評論社

●本書をお読みになる前に

- 本書は、技術評論社発行の雑誌『Software Design』の2018年4月号に掲載された第1特集「機械学習の始め方」の「第4章 本格的にPythonライブラリを使おう scikit-learn入門と機械学習の勉強方法」と、2018年5月号〜2019年1月号に掲載された連載記事「scikit-learnで学ぶ機械学習アルゴリズム」の内容を加筆・再編集した書籍です。
- 本書に記載された内容は、情報の提供のみを目的としています。したがって、本書を用いた運用は、必ずお客様自身の責任と判断によって行ってください。これらの情報の運用の結果について、技術評論社および著者はいかなる責任も負いません。
- 本書記載の情報は、2019年10月現在のものを掲載していますので、ご利用時には、変更されている場合もあります。
- また、ソフトウェアに関する記述は、特に断わりのないかぎり、2019年10月現在での最新バージョンをもとにしています。ソフトウェアはバージョンアップされる場合があり、本書での説明とは機能内容や画面図などが異なってしまうこともあり得ます。本書ご購入の前に、必ずバージョン番号をご確認ください。

以上の注意事項をご承諾いただいた上で、本書をご利用願います。これらの注意事項をお読みいただかずに、お問い合わせいただいても、技術評論社および著者は対処しかねます。あらかじめ、ご承知おきください。

●商標、登録商標について

まえがき

本書のねらい

第3次AIブームと呼ばれる2020年現在、機械学習に対する期待は学術界だけでなく産業界にも広がっています。そして、機械学習の産業応用に向けて大学などの教育機関や多くの民間企業が機械学習分野での人材育成に力を注ぎ始めています。また、民間企業では人材獲得の競争も激化しています。

このような動向に合わせ、機械学習を初めて学ぶ方向けの入門書が多く出版されています。しかしながら、初学者向けの書籍の多くは、実装を重視して機械学習の各種手法の動作原理の解説が不十分な傾向にあると著者らは感じています。

そこで本書では、対象読者を機械学習を初めて学ぶ学生・社会人の方とし、実装しながら機械学習の各種手法と、その動作原理（本書ではアルゴリズムと呼びます）を解説していきます。

本書では、機械学習ライブラリscikit-learnを使って機械学習を実装・実行していきます。実装しながら機械学習の各アルゴリズムを学べるように、実装コードを多く掲載しています。また、図を多く掲載することで視覚的にも理解が進むように心がけました。

実装コードの各行に関する細かい説明は少なく、実際にアルゴリズムを動かすこと、そして機械学習のアルゴリズムをAIエンジニアとして必要とされるレベルで理解していただくことを目的に執筆しました。ページ数の割には濃い内容になっており、一読での完全理解は難しいかと思います。ぜひ本書を複数回、読み直してみて、理解を深めてください。

本書の実装コードはすべてダウンロード可能です。実際にプログラムを実装・実行しながら各アルゴリズムで実現したいことを把握し、動作原理の理解にチャレンジしてみてください。

読者に求める事前知識

本書が対象とする読者は、なんらかの初歩的なプログラミングの経験があり、これから機械学習を学び始める方です。本書では数式も多く出てきますが、高度な数学知識がなくても理解が進むように解説を心がけています。

実装するプログラミング言語にはPythonを使用します。本書の内容はPythonで実装するのが初めての方にも理解できるように配慮していますが、Pythonの細かい基礎事項をすべて説明することは難しいため、Pythonを初めて学ぶ方は適宜Webの情報やPython入門書も参考にしてください。

本書の実装コードと動作環境

本書の実装コードは著者のGitHubもしくは技術評論社サポートページからダウンロードできます。

著者のGitHub

- https://github.com/shimitaku/MachineLearning-Book

技術評論社のサポートページ

- https://gihyo.jp/book/2020/978-4-297-11209-7

また、本書の内容に関して、読者のみなさんからの質問や訂正があった場合には、筆者のGitHubのIssueにて管理します。予期せぬエラーに遭遇した際にはIssueをチェックしてみてください。

本書の実行環境は以下のとおりです。

実行環境

- Google Colaboratory

バージョン情報(本書執筆時のGoogle Colaboratoryの標準インストール)

- Python：3.6.8
- scikit-learn：0.21.3

Google社が無料で提供しており、Webブラウザ上でPythonや機械学習をインストールなしに実行できるサービスである、Google Colaboratory(https://colab.research.google.com/)と呼ばれる実行環境を利用し、機械学習のライブラリにはscikit-learnを使用します。

scikit-learnのバージョンは、本書執筆時点(2019年10月)でGoogle Colaboratoryに標準インストールされている0.21.3を使用します。

各章の概要

第1章「機械学習の概要と本書の進め方」では、3つの内容を紹介します。はじめに機械学習の概要と、機械学習の3分類(教師あり学習、教師なし学習、強化学習)の概要について紹介します。次に、機械学習の各種アルゴリズムの動作原理を学ぶ意義について紹介します。最後に、機械学習の理解を深めるために必要な知識やスキル、著者らがおすすめする勉強方法のコツ、第2章以降の実装で使用するライブラリやプログラムを実装するための環境を紹介します。

本書で取り扱う機械学習のアルゴリズムは次の図のとおりです。

● 図 本書で取り扱う機械学習の内容

教師あり学習編

回帰
クラス分類
テキスト分類

- 線形回帰
- 正則化
- ロジスティック回帰
- SVC（Support Vector Machine Classification）
- 決定木
- ランダムフォレスト
- Naive Bayes（ナイーブ・ベイズ）

教師なし学習編

次元圧縮
クラスタリング

- 主成分分析
- k-means
- ガウス混合モデル

発展編

クラス分類
クラスタリング
次元圧縮
異常検知

- 勾配ブースティング決定木
- エルボー法とシルエット 分析
- t-SNE
- Novelty Detection
- Outlier Detection

第2章「実装しながら学ぶアルゴリズムのこころ・教師あり学習編」では、教師あり学習と呼ばれるカテゴリに分類される代表的なアルゴリズムを実装・解説します。教師あり学習の中でも回帰、クラス分類、テキスト分類と呼ばれる問題を取り扱います。はじめにそれぞれの問題で実現したいことを解説し、次に各問題に適用するアルゴリズムを紹介していきます。本章では、線形回帰、正則化、ロジスティック回帰、SVC（Support Vector Machine Classification)、決定木、ランダムフォレスト、Naive Bayes（ナイーブ・ベイズ）と呼ばれるアルゴリズムをそれぞれ実装・解説します。

第3章「実装しながら学ぶアルゴリズムのこころ・教師なし学習編」では、教師なし学習と呼ばれるカテゴリに分類される代表的なアルゴリズムを実装・解説します。教師なし学習の中でも次元圧縮、クラスタリングと呼ばれる問題を取り扱います。はじめにそれぞれの問題で実現したいことを解説し、次に適用するアルゴリズムを紹介していきます。本章では主成分分析、k-means、ガウス混合モデルと呼ばれるアルゴリズムを実装・解説します。また、本章では機械学習アルゴリズムを適用する前のデータ前処理の重要性についても解説します。

第4章「実装しながら学ぶアルゴリズムのこころ・発展編」では、第2章および第3章で学んだ基本的なアルゴリズムの内容をベースにした発展的アルゴリズムを紹介します。本章では、勾配ブースティング決定木、エルボー法とシルエット分析、t-SNE、異常検知Novelty Detection、異常検知Outlier Detectionと呼ばれるアルゴリズムをそれぞれ実装・解説します。

第5章「機械学習システムの構築フローとモデルの性能評価」では、機械学習を導入する際の作法である、機械学習システムの構築フローおよび性能評価について紹介します。本章では、一般のITシステムとは異なる、機械学習システムならではの特性や構築フローについて解説します。

目 次

第2章 実装しながら学ぶ アルゴリズムのこころ・教師あり学習編

第3章

実装しながら学ぶアルゴリズムのこころ・教師なし学習編

第 4 章

実装しながら学ぶ アルゴリズムのこころ・発展編

CHAPTER

第1章

機械学習の概要と本書の進め方

1.1 本章の目的と概要

本章では機械学習で何ができるか、機械学習にはどのようなアプローチがあるかなど、機械学習の基本的知識を紹介します。

昨今では機械学習の各種手法の動作原理（本書ではアルゴリズムと呼びます）を知らなくても、簡単に機械学習を実装・利用できるようになりました。このような機械学習アルゴリズムを詳しく知らなくても利用できる現在においても、各種手法のアルゴリズムを学ぶことの大切さと意義について本章で解説します。

その後、機械学習の理解を深めるために必要な知識・スキル、著者らがおすすめする勉強のコツについて紹介します。

そして最後に、第2章以降の実装で使用するライブラリと、プログラムを実行するための環境を紹介します。

1.2 機械学習の概要と３つの分類

本節では機械学習の概要と３つの分類（教師あり学習、教師なし学習、強化学習）、それぞれの概要について解説します。機械学習分野の全体を俯《ふ》瞰《かん》し、従来の人工知能型システムと機械学習システムの違いや、機械学習システムによって実現できることについて紹介します。

従来の人工知能型システムと機械学習システムの違い

機械学習が登場する以前の人工知能型システムは**エキスパートシステム**と呼ばれます。エキスパートシステムは、人が事前に「もし○○ならば△△する」といったルールをプログラムとして実装し、それをベースに結果を出力するシステムでした。このようなエキスパートシステムは**学習**というプロセスを持たず、あらかじめシステムにルールを組み込んで、人間の専門家（エキスパート）のような知的な振る舞いを可能にしていました。

従来の人工知能型システム（エキスパートシステム）の利点は、ルールどおりにシステムが挙動するため、動作や性能を明確に定められる点です。しかしながら、エキスパートシステムを動作させるためには、必要なルールをすべて人が事前に設計して設定・実装する必要があります。そのため、複雑なルールや膨大な数のルールを必要とするケースでは実用化が困難でした。

エキスパートシステムの「複雑もしくは大量のルールを人が設定するのは困難である」という課題を解決するアプローチとして登場したのが**機械学習**です。

機械学習は、データに潜むパターンをもとに**機械（システム）**が自らルールを学習するアプローチです。従来のエキスパートシステムのように専門家の知見（経験）をもとに人がルールを作成するのではなく、データから得られる情報（経験）に基づいて機械が自動でルールを学習するシステムです。**図1.1**にエキスパートシステムと機械学習システムの違いを示します。

● **図1.1　エキスパートシステムと機械学習システムの違い**
(a) は従来の人工知能型システム（エキスパートシステム）でりんごとみかんを分類する様子。(b) は機械学習システムで犬と猫を分類する様子。？マークが付いたアイコンは未知のデータを表す。

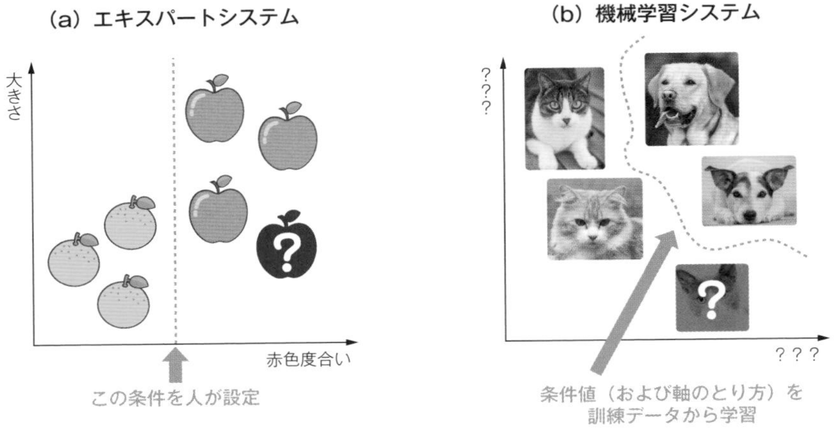

図1.1 (a) は従来の人工知能型システム（エキスパートシステム）です。りんごとみかんを分類するとき、エキスパートシステムでは、分類する際の基準（すなわち着目する変数：赤色度合い、大きさなど）と、分類条件（すなわちルール：赤色度合いの閾値《しきいち》の値）を人が設定します。**図1.1 (a)** の例の場合、赤色度合いのある値を閾値に使うことでりんごとみかんをうまく分類できます。

図1.1 (b) は機械学習システムです。たとえばさまざまな犬と猫の画像を、犬か猫に分類したい場合、大きさや色などの単純な分類基準（着目する変数）と分類条件ではうまく分類できず、人がルールを設計する従来のエキスパートシステムでは実現が困難です。一方で、機械学習システムでは効果的な分類条件（複雑なルール）をデータから学習するため、効果的に犬と猫の画像分類が可能になります。さらに、適用する機械学習の手法によっては軸のとり方もデータから学習できます[注1]。

なお、機械学習システムでは、ルールを自動で学習できる反面、システムの挙動に不確実性が伴います。エキスパートシステムでは、人がルールを決めてシステムを構築したため、システムの挙動に不確実性は存在しません。一方で、機械学習システムではルールがデータから自動で作成されるため、「とある入力を与えた際にどのような出力が得られるのか」を事前に知ることは困難です。このように機械学習システムは「実際

注1　本書では解説しませんが、近年注目されているDeep Learningでは軸のとり方もデータから学習できます。

にデータをシステムに入力してみないと、どんな出力が得られるのか不明である」という不確実性を持ちます。

このような機械学習システムが持つ不確実性の特性により、機械学習を利用するシステムは従来のITシステムのように性能やテスト方法を定めることが困難になるので注意が必要です。機械学習システムの構築フローや性能基準などについては本書の第5章で詳細に解説します。また、機械学習システムを構築するアプローチ（ソフトウェア工学）については、2018年度に日本ソフトウェア科学会の公式研究会として発足した機械学習工学研究会（MLSE：Machine Learning Systems Engineering）などでも活発に議論されています。機械学習システムのソフトウェア工学的な観点が気になる方はMLSEから発信されている情報［1］なども参照してください。

現在、世の中にある多くのシステム・アプリケーションには機能の一部に機械学習が利用されています。多くの方に馴染《なじ》みのあるサービスでは、たとえば、フリマアプリでの出展品のカテゴリ自動分類が挙げられます。フリマアプリでは出展したい品の写真や名称を入力すると、出展品のカテゴリが書籍なのか衣類なのかなどを自動で入力してくれます。その他にも、ECサイトのリコメンド機能などが挙げられます。自身の購買履歴や商品閲覧履歴と、ほかの多くの方の購買履歴をデータにして、自身が興味を持つであろう商品をおすすめしてくれます。その他の産業界では、たとえば製造業では機器の故障予測、金融業界ではクレジットカードの不正利用の検知、融資の与信判定など、さまざまな場面で機械学習が利用されています。

これらの機械学習の適用例には、すべて、なんらかの入力情報とそれに基づいて出力したい情報が存在します。たとえば、ECサイトのリコメンド機能であれば、サイト上でのユーザーの行動履歴が入力、推薦する商品が出力です。このように、機械学習は入力と出力になんらかのパターン（関係性）があり、かつ、そのパターンを学習できるほどの十分なデータがあれば、適用できる可能性があります。読者のみなさんも、ぜひ、普段使用している身の回りのサービスなどに注目してみてください。すでに機械学習が使用されているかもしれませんし、機械学習によって高度化・効率化できる部分があるかもしれません。

機械学習の3つの分類（教師あり学習、教師なし学習、強化学習）

実は機械学習と言っても、いくつかのタイプが存在します。一般的には、機械学習は教師あり学習、教師なし学習、強化学習の大きく3つに分類されます。最近では機械学習を用いて画像を自動で作成するなど、生成の研究も多いです。ただし、生成と言っても、その実は合成であり、ほかの3つの機械学習手法がベースとなっています。

本書では**図1.2**のように機械学習を4つのタイプに分類して整理しています。機械学習のタイプ分けは個人ごとに思想が違うので正解がないのですが、1つの参考にしてください。**図1.2**は機械学習の大分類（教師あり学習など）と小分類（分類や推薦など）、そして活用例を掲載しています。

図1.2の言葉の定義ですが、データとは画像（縦ピクセル数×横ピクセル数のRGB値）や、文章などを指します。ラベルとはデータに対して人が定めた識別子を指します。たとえば、犬の写真は画像データであり、それを人が“犬”とラベル付けしています。

● 図1.2　機械学習の分類の一例

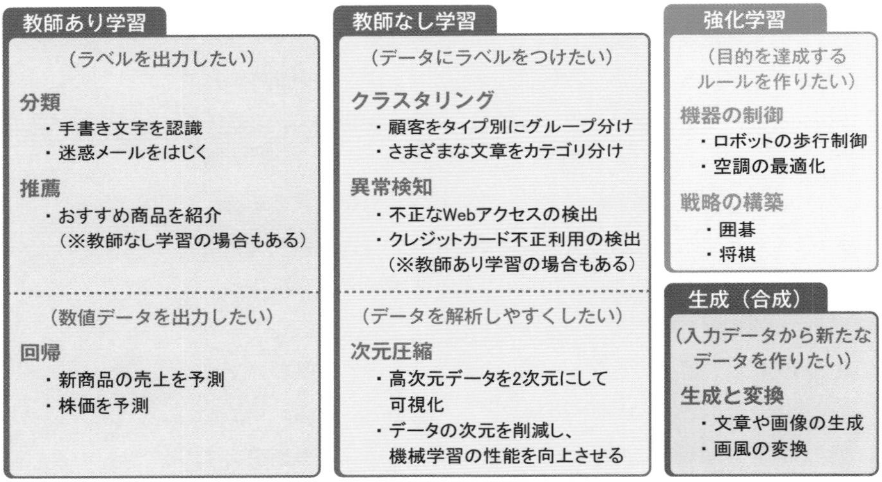

図1.2における教師あり学習、教師なし学習、強化学習についてそれぞれ概要を説明します。

教師あり学習

まず教師あり学習とは大雑把に説明すると、正解付きのデータセットを使って学習し、未知のデータの正解を予測する手法です。ここで正解とはラベルや数値です。機械学習全般において、システムを学習させるためのデータセットを**訓練データ**と呼びます。

入力データと、入力に対応する正解の出力データ（≒教師）が対になった訓練データで学習するため、教師あり学習と呼ばれます。

たとえば、0～9の手書き数字画像を分類する機械学習システムは、教師あり学習に対応します。手書き数字の画像と画像の正解ラベル（0～9のいずれか）を使い、正しいカテゴリに振り分けられるように学習します。そして新しい未知の手書き数字画像のラベルを予測します。このようなタスクは教師あり学習の中でも**分類**と呼ばれます。

教師あり学習には分類のほかにも**推薦**や**回帰**のタスクがあります[注2]。推薦の実用例にはたとえば、おすすめ商品の紹介などが挙げられます。ユーザーの行動履歴をもとにおすすめしたい（購入が見込める）商品を予測・推薦します。回帰の実用例にはたとえば、新商品の売上や株価の予測などが挙げられます。入力に対応するラベル（カテゴリやクラスとも呼ぶ）を予測する分類・推薦とは違い、回帰は入力に対応する数値（売上・株価の値など）を予測します。なお、推薦は商品リストの中から最も購入が見込める商品を選択する観点では分類タスクの一種とも考えられますが、達成したい目的が微妙に異なるため本書の**図1.2**では分けています。

教師なし学習

次に教師なし学習について説明します。教師なし学習とは大雑把に説明すると、データをグループ分けする手法です。入力データのみを使ってデータの背後に隠れているパターン・傾向を学習し、似ているデータをグルーピングしたり、仲間外れのデータを発見したりします。教師あり学習のように入力に対応する正解の出力（≒教師）は与えられず、入力データの情報のみを使用することから教師なし学習と呼ばれます。

たとえば商品販売会社において、顧客をタイプ分けし、タイプ別に効果的な施策を打ち出したい場合を考えてみます。このとき教師なし学習の手法を使えば、顧客の年間の購入回数や1回の購入の平均単価などのデータをもとに購買行動が類似している顧客をグルーピングできます。どんなタイプが存在しているのか事前にわからないのですが、教師なし学習でデータの傾向をもとに切り分けたグループから、何かしらの共通の属性を抽出して示唆を獲得することができます。このようなタスクは教師なし学習の中でも**クラスタリング**と呼ばれます。

教師なし学習にはクラスタリングのほかに**異常検知**や**次元圧縮**のタスクがあります[注3]。異常検知の実用例には、不正なWebアクセスの検出やクレジットカードの不正利用の

注2　推薦は教師なし学習の場合もあります。
注3　異常検知は教師あり学習の場合もあります。

検出などが挙げられます。次元圧縮は、本来は可視化できない4次元以上の高次元データを2次元に圧縮・可視化してデータの傾向を観察したり、機械学習モデルの性能を向上させたりするために用いられます。クラスタリングは第3章、異常検知は第4章で詳細に解説します。

強化学習

最後に強化学習について説明します。強化学習とは大雑把に解説すると、正解は不明だが、最終的にたどり着きたい状態は明確であり、その状態に向けてシステムが試行錯誤する際に、各試行が良い方向性か悪い方向性かを教え、最適な行動を学習させる手法です。次にとるべき行動を試行錯誤する際に逐次正解を人が用意するわけではないため、教師あり学習とは異なります。

たとえば、子どもが自転車に乗れるようになるまでの一連のプロセスが、強化学習の手法に相当します。「転ばずに自転車に乗る」というたどり着きたい状態の達成を目指します。その際に子どもは細かい乗り方を教えてもらいません（自転車の角度が●度右に傾いた場合にはハンドルを△度左に切り替えせ）など。また、自転車に乗っている動画を見て学習をすることも通常はしません。実際に自転車に乗ってみて何度も転んで失敗を繰り返しながらバランスのとり方を学習し、「転ばずに自転車に乗る」という状態にたどり着きます。

自転車の例のように、強化学習は対象を支配している物理法則を知らない状態で試行錯誤を繰り返しながら望ましい制御方法を学ぶ手法です。実用的にはロボットの歩行制御や空調の最適化などの**機器の制御**の分野で多く用いられています。

また、機器の制御のほかに**戦略の構築**でも強化学習は大きな実績を残しています。たとえば、DeepMind社が開発した囲碁プログラム（アルファ碁）には強化学習が用いられています [2] 注4。アルファ碁は世界王者を含む名立たるプロの囲碁棋士を次々と打ち破り、事実上人類を超える囲碁プログラムになりました。

強化学習は現在も研究が活発な分野で今後の発展が期待されますが、難しい内容も多く、機械学習を初めて学ぶ方を対象としている本書では取り扱いません。強化学習について学びたい方は著者（小川）が執筆した『つくりながら学ぶ！深層強化学習』[4] で詳しく解説していますので、そちらをご覧ください。

注4　厳密には教師あり学習と強化学習を組み合わせて実現されています。強化学習のみを用いて実現されているのはアルファ碁をさらに進化させたアルファ碁ゼロになります [3]。

1.3 機械学習の各手法の動作原理（アルゴリズム）を学ぶ意義

機械学習にはさまざまな手法があります。そして、手法ごとにその動作原理、すなわちアルゴリズムがあります。本書では機械学習の各手法をどのようにして実装するのか、機械学習ライブラリをどのように使用するのかも解説しますが、それと同じ比重でその手法の動作原理（アルゴリズム）についても解説します。本節では機械学習を活用していく際に、なぜアルゴリズムを学び理解しておくことが大切なのかを解説します。

機械学習の各手法のアルゴリズムを学ぶ意義は大きく3つあります。

1つめの意義は「機械学習システムを構築するうえで、理想的な性能の機械学習モデルの実現に向けて自ら試行錯誤できるようになるため」です。機械学習を実装して利用するために、現在ではさまざまなライブラリが公開されています。これらの機械学習ライブラリが整備されたことで、機械学習の研究者だけでなく、機械学習を学び始めた初学者の方でも簡単に機械学習を実装、利用できるようになりました。既存の利用できる部分を効率よく活用し、その先にある応用部分に注力することはとても大切です。ただし、既存の機械学習ライブラリはアルゴリズムなどの難しい部分を知らなくても利用できるため、その内部挙動（アルゴリズム）に無知であると、入力を与えれば何らかの出力は得られるが、その出力結果に対する考察ができません。つまり、機械学習ライブラリを使用して性能が出なかった際に、次に何をすべきなのか、どのようなアプローチをとれば性能を改善できるかの試行錯誤ができません。このような状態に陥ることを避け、機械学習ライブラリという武器を盲目的に利用するだけでなくきちんと使いこなすために、アルゴリズムについて学んでおくことが大切です。

各手法のアルゴリズムを学ぶ2つめの意義は、「各アルゴリズムを使用する際のハイパーパラメータの調整を適切に行うため」です。ハイパーパラメータとは、機械学習の各手法を、機械学習ライブラリを使用して実装する際に実装者が設定しなければならないパラメータのことです。そして、このハイパーパラメータは手法ごとに異なります。機械学習では、システムがデータから自動でルールを学ぶとはいえ、その学び具合などを調整するためのさまざまなハイパーパラメータの設定が必要であり、各手法の各ハイパーパラメータの設定値によって、機械学習の性能は変化します。適切なハイパーパラメータの設定は機械学習モデル実装後の試行錯誤で直面する場面でもあるため、前述の1つめの意義にも一部含まれますが、機械学習システムの実用化のためにとても大切なので、明示的に切り出して2つめの意義としました。機械学習のアルゴリズムによって設定するハイパーパラメータは異なります。各アルゴリズムにおけるハイパーパラメータの役割と値を変化させたときの挙動のイメージをつかんでおくことが大切です。本書でも第2章以降の実装部分では、ハイパーパラメータを変化させたときのアルゴリズムの挙動の変化を出力しながら確認していきます。実装した機械学習モデルの性能が出ないときに闇雲にハイパーパラメータを調整するのではなく、アルゴリズムとハイパーパラメータの役割を理解したうえで設定を変更できるようになりましょう。

各手法のアルゴリズムを学ぶ3つめの意義は「適切なアルゴリズムを選択し、必要に応じて、機械学習モデルの内容や結果を説明できるようになるため」です。ここでは説明する相手は、お客様であったり、上司であったりします。

著者らの経験上、機械学習をビジネスに適用する際には、使用したアルゴリズムや結果に対する説明を求められる場合が多いです。これは前述したように、機械学習の出力結果には不確実性が伴うため、良い意味でも悪い意味でも人の直感にそぐわない結果が得られる場合もあるからです。そのような場合に、使用した機械学習の手法のアルゴリズムの性質に基づいて、結果に対する示唆や根拠を示すことが求められます。各手法のアルゴリズムを正しく理解し、結果をわかりやすく説明できることで顧客が納得し、より理解・協力を得られます。機械学習はデータから自動で学ぶためブラックボックスと呼ばれますが、使用した手法のアルゴリズムを理解しておけば、そのブラックボックス性を緩和し、相手に納得してもらえるように結果の説明が可能になります（なりやすいです）。

上記3つの意義より、機械学習ライブラリが整備され簡単に機械学習を実装できるようになった現在でも、機械学習の各手法のアルゴリズムを学び、理解することがとても大切です。

1.4
機械学習の勉強方法

本節では、機械学習を学んで活用していくために必要な知識とスキルを整理し、著者らがおすすめする勉強のコツについて紹介します。本書を読み進める際や、読み終えたあとにさらにステップアップしていくための参考にしてください。

機械学習に必要な知識・スキル

「機械学習を学び自分で実装する」+「ビジネスで活用していく」ために必要な知識、スキルについて紹介します。機械学習に必要な知識、スキルを漏れなくダブりなく解説するのは困難ですが、著者らの頭の中にある体系を紹介します。

機械学習を実装するのに必要な知識、スキルは大きく3つに分かれます。数学、ITスキル、機械学習の作法の3つです。機械学習の作法とは、機械学習を利用するうえで気をつけるべき項目です。上記3つについて、それぞれ細分化した項目と例を**表1.1**で紹介します。

▼ 表1.1　機械学習に必要な知識・スキル一覧

大分類	中分類	用例
数学	微積分・偏微分	勾配法を用いる際に、誤差関数の勾配ベクトルを導出するのに使用
	線形代数	多次元データの演算、固有値展開による次元縮約、左固有ベクトルによる特徴量の抽出などに使用
	確率・統計	最尤推定での確率分布、Map推定でのベイズの定理、EMアルゴリズムでのKLダイバージェンスなどで使用
	最適化数学	アルゴリズム内で最小二乗法、最尤推定、ラグランジュの未定乗数法、EMアルゴリズム、変分ベイズなどを使用
ITスキル	Pythonプログラミング能力	データ前処理にpandasやNumPyの使用、機械学習を実装する際にscikit-learnやPyTorchなどを使用
	クラウド機械学習	クラウドサービスの機械学習APIを使用。その他、大規模モデルの学習にクラウド上でGPUマシンを使用
	Web API作成スキル	機械学習利用部分をAPI化して、システムをマイクロサービスとして運用する際に使用
	データベース関連	データベース（DB）からの訓練データの取り出し、大規模データの並列分散処理に使用
機械学習の作法	前処理	取得したデータを機械学習アルゴリズムに入力可能な形式にするために使用
	学習結果の評価	学習させたシステムが運用時に未知のデータでも期待する性能を発揮するかの判断に使用
	データ分析プロセスの理解	データ分析フレームワークTDSPやCRISP-DM、SEMMAなどの理解と、それに沿ったプロジェクト管理に使用
	ビジネス活用能力	課題解決の手段として機械学習が適切なのかや、どのアルゴリズムを使うべきなのかの判断

表1.1の内容すべてに関しての詳細な説明は、文面では割愛しますが、この中でも「機械学習の作法」はビジネスで機械学習を活用するにはとくに重要です。機械学習ライブラリを使用して機械学習モデルを作成するとしても、機械学習を活用するうえでの気をつけるべき項目が守られていないと、誤ったシステム（たとえば、実際に使用すると想定よりも性能・精度が発揮されないシステム）などができてしまいます。機械学習の作法の一例を紹介します。

たとえば、複数の機械学習アルゴリズムからベストな手法を選ぶ際には、まずデータを訓練データ、検証データ、テストデータの3つに分割します。そして、訓練データで機械学習モデルを学習させます。この際には複数の手法および各手法のハイパーパラメータを変更したさまざまなパターンの機械学習モデルを作成します。そして、性能を検証データで比較します。検証データでの性能比較の結果、最終的に使用する機械学習アルゴリズムとそのハイパーパラメータを決定します。最後に、使用すると決めた手法の運用時の性能をテストデータで疑似的に確認する、というのが機械学習の一般的な作法です。

この作法を理解せず、テストデータで各手法を比較し一番性能が良かったアルゴリズムを採用する、という誤った手順を行うケースがときおり発生します。この誤りをすると、実際の機械学習システムの運用時には、想定していた場合よりも悪い性能になってしまいます。

現時点では上記の機械学習の作法の例の理解は難しいかもしれません。ですが、機械学習を利用するうえでは種々の作法があり、その作法の知識を身につけておかなければ効果的に機械学習を活用できない点を覚えておいてください。なお上記のデータを３つに分割する作法などについては第５章で詳細に解説します。

機械学習の勉強を効率的に進めるコツ

機械学習の勉強、そして本書での学習を効率的に進めるコツが４つあります。本当はもっとあるのでしょうが、著者らが体感している重要な上位４つを紹介します。

１つめのコツは「理解の深さをコントロールする」ことです。本書の第２章以降での各アルゴリズムの解説は基本的に初学者の方向けになっていますが、ところどころ中級者以上の方向けの詳細な解説も出てきます。その際は、焦らず、理解の深さをコントロールし、最初は浅く広く理解して、徐々に深く理解していくという姿勢で、勉強を進めることをおすすめします。本書に限らず、「前から順番にすべてを完璧に理解していき、理解できないところに直面した際には立ち止まって、悩みすぎる」のではなく、「まずは浅く全体像を理解して、再度読み直す」などを試みてください。

２つめのコツは無知の知です。論語の為政第二には「これを知るをこれを知るとなし、知らざるを知らざるとなす、これ知るなり」という言葉があります。自分が勉強をしていて、何を理解していて、何を理解できていないのかを明確にすることが大切です。たとえば、機械学習のアルゴリズムにおいて、各専門用語の意味や役割をきちんと自分の言葉で説明できるか、各式に出てくる記号や各項を理解できているか、式が意味するところを言葉として説明できるか、式変換のしかたを説明できるか、などを自問自答したり、他人に教えてみたりすることで、自分の理解・不理解を明確化することが大切です。

３つめのコツは他人が実装したコードを見ることです。たとえば、データサイエンスコンペティションサイトKaggle [5] では、さまざまなお題に対して世界中のエンジニアが実装したコードを見られます。優秀な方が実装したコードを見て、課題を解くためのアプローチや具体的な実装方法を学ぶことは効率的なスキルアップにつながります。

4つめのコツは「アウトプット駆動学習」です。自分が機械学習で趣味的に何か実現したいこと（アウトプット）を決めて、それをいろいろなアルゴリズムで実装し、その過程で必要になった知識を順次勉強していくといった方法をおすすめします。

たとえば、「本書の学びをブログなどに書いてアウトプットしてみる（あとで自分で見返すときにも役立ちますし、文字として書き出すと自分の不理解点がわかりやすいです）」、その他、「株やビットコインなどの投資が好きな人であれば、その予測を機械学習でやってみる」、「自分のWebサイトを構築している人であればアクセスログからサイト訪問者をクラスタリングしてみる」、「お笑いが好きなら、どの芸人が今後ブレイクするか機械学習で予測してみる」などです。自分が作ってみたいアウトプットを定め、その取り組みをQiita [6] などに投稿してみると良いでしょう。

個人の向き不向きにも寄りますが、単純に書籍を前から勉強していくのはたいへんです。書籍を読んで学ぶことも楽しいですが、それ以上に、自分で作りたいものを考え、それを作るために書籍で学ぶ、そのスタンスのほうが楽しく効果的に学習を進められると著者らは考えています。こうした学習のスタンスをアウトプット駆動学習と呼びます。

また、アウトプット駆動学習には、興味のあるアウトプットを目標にするので機械学習の勉強が継続しやすい利点だけでなく、他人からアドバイスを受けやすい利点もあります。たとえば、AIエンジニアの方に「○○を作りたいのですが……」と相談すれば、やりたいことが明確なので「○○を作りたいならこのアルゴリズムを使用したり、こういう勉強をしたりすると良いよ」と、スムーズに具体的で質の高いアドバイスを受けられます。AIエンジニアの方と知り合うには、connpass [7] などで勉強会を探して参加するなどしてみてください。

以上、機械学習の勉強を効率的に進める4つのコツを紹介しました。

1.5
本書で使用するライブラリと実行環境

本節では、第2章以降の実装で使用するライブラリと、プログラムを実行するための環境を紹介します。

機械学習を実装する環境を整える方法

本書で解説する機械学習アルゴリズムを実装するために使用するパッケージ**scikit-learn**《サイキット・ラーン》について紹介します。また、自分の手を動かしてアウトプットしながら機械学習アルゴリズムを学習してもらうために、Pythonおよびscikit-learnで機械学習を実装するための環境構築方法を紹介します。

Pythonによる実装がおすすめされる理由

機械学習を実装する際には、言語としてPython、ライブラリとしてscikit-learnを使用することが一般的です。もちろんRやJavaでも実装可能ですが、本書では最もポピュラーなPythonとscikit-learnを用いた機械学習の実装を紹介します。

Pythonはオブジェクト指向言語の中でも比較的シンプルな言語です。そのため、プログラミングスキルの高いITエンジニアだけでなく、アカデミック領域の研究者・学生でも、機械学習を使用する際に容易に実装できるという利点があります。

また、数値計算や数値解析のライブラリが整備されています。Pythonには行列の掛け算を扱う命令はありません。しかし、NumPy《ナンパイ》と呼ばれるライブラリが、行列演算をはじめ数値計算に必要なクラスやメソッドを提供してくれます。また、NumPyはC言語およびFortranをベースに書かれており実行が高速である利点もあります。そして、このNumPyをベースとして、行列の固有値を求めたり、微分方程式を解いたりするなどの数値解析が実行できるSciPy《サイパイ》と呼ばれるライブラリも提供されています。

上記2つの観点から、機械学習を実装するプログラミング言語としてPythonは使いやすいおすすめの言語になります。

scikit-learnを使用するために必要なライブラリ

scikit-learnはPythonで書かれているため、Pythonが実行できる環境が必要です。環境構築の方法については後ほど紹介します。また、NumPy、SciPyライブラリに依存しているため、これら2つも必須となります。

その他にscikit-learnを使う際に一緒に使用される代表的なライブラリとして、Matplotlib《マットプロットリブ》とpandas《パンダス》があります。Matplotlibはグラフを描画するためのライブラリです。商用技術計算用言語Matlabでのグラフ描画命令と同様の形式で、Pythonでグラフを描画できるため、Matplotlibと呼ばれます。pandasはCSVデータなどをPythonで扱うためのライブラリです。ExcelやCSVなどの表形式データはパネルデータと呼ばれます。パネルデータを扱うライブラリなので、その頭文字を採ってpan(el)-da(ta)-s → pandasと呼ばれています。

scikit-learnで扱えるアルゴリズムの紹介

機械学習の中でもscikit-learnが得意なのは、教師あり学習の分類と回帰、教師なし学習のクラスタリングと異常検知そして次元圧縮です。一方で、推薦や強化学習、合成は別ライブラリのほうが優れています（scikit-learnを使って実装できないわけではないですが）。また、日本語の自然言語処理の場合は別ライブラリ（MeCab、JUMAN、CaboCha、gensimなど）と組み合わせて解析することが一般的です。

scikit-learnを使用するにあたり、どのアルゴリズムを使用すれば良いのかの選定は、scikit-learnのChoosing the right estimatorページ［8］を見ると整理されています。ただし、このページは英語表記であり、多少扱いづらい点もあるので、著者らが整理したscikit-learnアルゴリズムチートシートを**図1.3**に示します。

● 図1.3 scikit-learnのアルゴリズムチートシート（著者ら整理版）

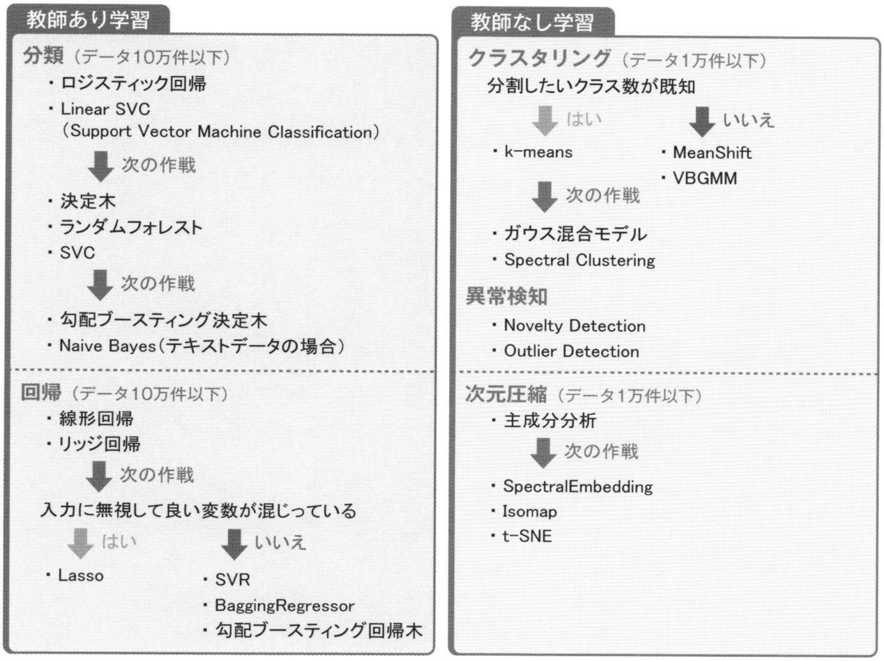

図1.3は分類や回帰など目的別に大項目が分かれています。目的名の横に記載したデータ件数は、目安となるデータ数の上限です。上限を超える大規模データの場合は、この図には記載していない別の手法を検討する必要があります。

各大項目の下には最初に使用を検討すべき基本的アルゴリズムを記載しています。矢印の「次の作戦」で示しているアルゴリズムは、基本的アルゴリズムでうまく機能しない場合や、より良い性能を求める際に試みます。アルゴリズムの分類・整理も個人ごとに思想が違うので正解はありませんが、1つの参考にしていただければと思います。なお、近年注目されているDeep Learningは機械学習のアルゴリズムの1つであるNeural Networkのさらに一部という位置づけになります。

機械学習を実装・実行するツール

Pythonおよびscikit-learnなどのライブラリを使用して機械学習を実装し、実行する方法は大きく2つあります。

1つめの方法は実装・実行を対話型で行えるツールを使用する方法です。対話型ツールとしては、Jupyter Notebookが有名です。ジュピターノートブックもしくはジュパイターノートブックと呼びます。これはもともと対話型（Interactive）のPythonエディタであるIPythonという名称でしたが、アカデミックで頻繁に使用されるほかの言語にも対応が広がり、対応している代表的言語であるJulia、Python、Rの頭文字をとってJupyter Notebookという名称に代わりました。Webブラウザ上で機械学習を実装できるTry Jupyter［9］やGoogle Colaboratory［10］は、このJupyter Notebookを使用しています。

2つめの方法はエディタを使用してコーディングし、コマンドプロンプトなどからPythonファイルを実行する方法です。エディタでコーディングしてPythonファイルを実行するための統合開発環境（IDE：Integrated Development Environment）としてはPyCharm、Visual Studio、Spyder、JupyterLabなどがあります。また、Visual StudioCodeやAtomにPythonの拡張機能を追加してエディタとして使用している人も多いです。

Webブラウザ上で実装・実行する環境

PythonおよびScikit-learnで機械学習を実装するための環境構築方法を紹介します。実装環境を整えるには、Webブラウザ上で実装できる無料サービスを利用する方法と、自分のPCのローカル環境に実装環境を整える方法の大きく2パターンがあります。最初体験してみるだけであれば、Webブラウザ上で実装できる無料サービスを使用するのをおすすめします。その後、より複雑で大規模なことをやりたくなったらローカル環境を構築する（もしくはクラウドの環境を利用する）と良いでしょう。**表1.2**に機械学習の実装・実行方法をまとめました。

▼ **表1.2　機械学習を実装・実行する方法**

実装・実行環境	ツール名	特徴
Webブラウザ上	Try Jupyter	無料ですぐに使用可能
	Google Colaboratory	無料だがGoogleアカウントが必要
ローカル環境	Jupyter Notebook	対話型実行環境
	PyCharmなど	IDE
	Visual Studio Code、Atomなど	エディタ

Webブラウザ上でPythonおよびscikit-learnを使用して機械学習を実装できるサイトとして有名なのが、Try JupyterとGoogle Colaboratoryです。シンプルな実装を体

験したいだけならすぐに使用できるTry Jupyterがおすすめです。一方でGoogle Colaboratory（**図1.4**）はGoogleアカウントの用意が必要ですが、pipと呼ばれるライブラリ追加・管理のコマンドが使用できて好きなPythonライブラリを追加できる、Googleドライブからデータを持ってきやすい、コードを他人とシェアしやすい、などのメリットがあります。本書では、このGoogle Colaboratoryを使用して、機械学習アルゴリズムの実装を紹介します。

本書のサンプルコードをGoogle Colaboratoryで実行する方法を知りたい方や、ローカル環境に実装環境を整えたい方は本書の付録を参照してください。

● 図1.4 Google Colaboratoryの画面

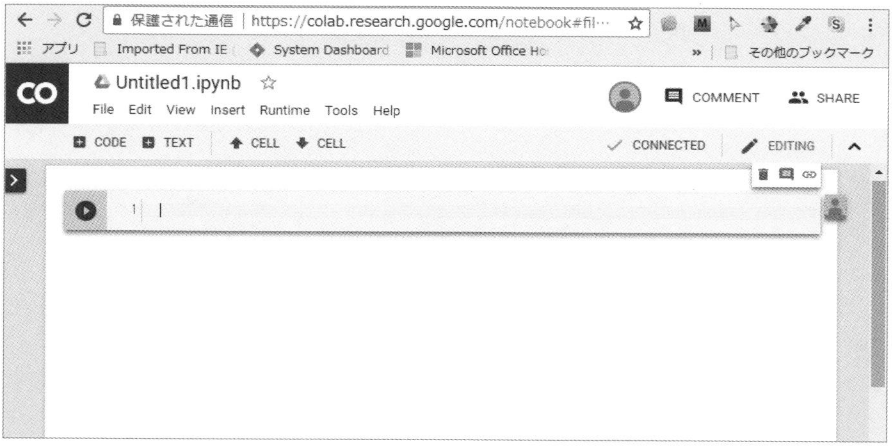

以上、本章では機械学習の概要と3つの分類、機械学習の各種アルゴリズムを学ぶ意義、勉強方法のコツ、実装ツール、実装環境の構築方法について紹介しました。次章から実際に各種手法を実装しながら、その動作原理・アルゴリズムを解説します。

CHAPTER

第 2 章

実装しながら学ぶ アルゴリズムのこころ・教師あり学習編

2.1 本章の目的と概要

本章では教師あり学習の代表的なアルゴリズムを実装し、解説します。

教師あり学習とは1.2節でも解説したように、入力データと、入力に対応する正解の出力データが対になったデータセットで学習（訓練）し、未知の入力データの正解（ラベルであったり数値であったり）を予測するタスクです。教師あり学習にはおもに、分類・回帰・推薦といったタスクがあります。本書ではscikit-learnが得意とする回帰と分類を実装します。具体的には本章では、**回帰**、**クラス分類**、**テキスト分類**の順に解説を進めます。

本書における各機械学習アルゴリズムの解説の流れを案内します。各アルゴリズムについて、はじめに「アルゴリズムの基本的な流れ、概要」を説明します。ここでそのアルゴリズムで実現したいことの明確なイメージを持っていただけるように解説します。次に「プログラムの実装と実行」を解説し実施します。使用するデータを準備しアルゴリズム部分を実装して出力結果を確認します。そして最後に「アルゴリズムの詳細な解説」に移ります。

まえがきでも説明しましたが、本書の実装コードは著者のGitHubもしくは技術評論社サポートページからダウンロードできます。

著者のGitHub [11]

- https://github.com/shimitaku/MachineLearning-Book

技術評論社のサポートページ

- https://gihyo.jp/book/2020/978-4-297-11209-7

実装コードは、Google Colaboratoryを使用し、Webブラウザ上ですぐに実行できます。ぜひ手元でプログラムを動かしながら、各アルゴリズムでデータがどのように扱われるのかを体感してください。

2.2 最小二乗法による線形回帰

本書ではじめに解説するアルゴリズムとして、**入力データを与えたときに、対応する出力データ（連続する数値）を予測する**機械学習手法を紹介します。このような機械学習手法は教師あり学習の**回帰**と呼ばれます。本節では回帰の中でも最も基本的なアルゴリズムである**線形回帰モデル**について解説します。

本節を読み終えた際に整理・定着させておきたい点は次の3点です。

- scikit-learnを用いて線形回帰モデルを実装できる
- 予測に使用する変数が1つの線形回帰モデルは単回帰モデル、2つ以上の線形回帰モデルは重回帰モデルである
- 線形回帰モデルでは最小二乗法を用いてパラメータを学習し求める

アルゴリズムの基本的な流れ、概要

線形回帰モデルで実現したい処理を解説します。

本節では、機械学習のチュートリアルで一般的に使用されているBoston house-prices（ボストン住宅価格）データを使用します。Boston house-pricesデータは米国ボストン都市周辺における地域別の住宅価格に関する国勢調査データです。データセットには**表2.1**に示した13種類の情報と、対応する住宅価格が含まれます（これらは地域の平均的な値であり、個々の物件情報ではありません）。

そして、**表2.1**の情報から予測したいのは住宅価格です（正確には、その地域の住宅価格の中央値（MEDV）です）。

本節の目標は**表2.1**に示した13種類の変数（入力データ）を使って、その地域の住宅価格を予測することになります。

▼ 表2.1　ボストン住宅価格データセットの特徴量（予測に使える情報）

変数名	データ詳細
CRIM	犯罪発生率
ZN	住居区画の密集度
INDUS	非小売業の土地割合
CHAS	チャールズ川（1：川の周辺、0：それ以外）
NOX	NOx濃度
RM	住居の平均部屋数
AGE	1940年より前に建てられた物件の割合
DIS	ボストン市の5つの雇用施設からの重み付き距離
RAD	大きな道路へのアクセスのしやすさ
TAX	$10,000あたりの不動産税率の総計
PTRATIO	教師あたりの生徒数
B	対象地域に住む黒人の比率
LSTAT	低所得者の割合

まず本節では、1つの変数「住居の平均部屋数（RM）」のみを入力変数としたときの線形回帰モデルを構築します（**図2.1**）。1つの入力変数のみを使用する線形回帰モデルは**単回帰モデル**と呼ばれます。

「単回帰モデルで住宅価格の中央値を予測する」とは、**図2.1**で示した青色の各データ点に対してなるべく近い位置を通る赤色の直線を引くことになります。直線は青色のデータ点を大まかにとらえており、未知の「住居の平均部屋数（RM）」に対応する「住宅価格の中央値（MEDV）」の値を計算（回帰）できそうです。たとえば、入力値（住居の平均部屋数）が0.8であれば、回帰結果は35.86になります（**図2.1**の緑色の点線）。

なお**図2.1**の横軸「住居の平均部屋数（RM）」は正規化された値となっています。この正規化についてはのちほど解説します。

● **図2.1 「住居の平均部屋数（RM）」を使用したときの線形回帰（単回帰）の結果**
横軸が「住居の平均部屋数（RM）」、縦軸が「住宅価格の中央値（MEDV）」に対応。RMは正規化されている。

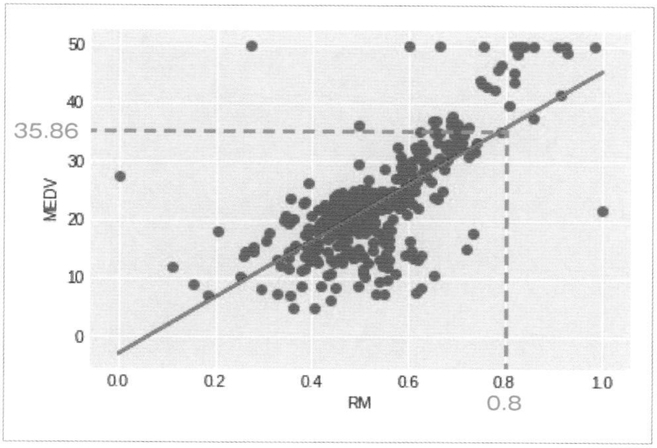

次に、複数の変数を入力変数としたときの線形回帰モデルを構築します。1つの変数を使用する単回帰モデルに対して、複数個の変数を使用する線形回帰モデルを**重回帰モデル**と呼びます。変数が複数個ある場合は**図2.1**のような直線ではなく平面[注1]を求めるのが目標になります。

3つ以上の入力変数を使用する場合は可視化が困難なため、以後の重回帰モデルの実装では予測性能のみ出力します。また、これ以降、住宅価格の中央値を住宅価格と略して記載します。

なお、機械学習では、住居の平均部屋数のような予測に使う入力データを**説明変数**もしくは**特徴量**、住宅価格のような予測したい変数を**被説明変数**もしくは**目的変数**と呼びます。

プログラムの実装と実行

データの準備

線形回帰モデルを実装していきます。まず使用するデータの準備をします。本節の実装では、参考文献［12］で使用されている、Boston house-prices（ボストン住宅価格）データを拡張したデータを扱います。データは「mglearn」というライブラリから読み込みます。

注1　一般的に、説明変数が2つの場合には平面、3つ以上の場合は超平面と呼ばれます。

Google Colaboratoryにアクセスしてください。1つめの空のセルで次のコマンドを入力し、Alt + Enterを押してコードを実行してください。ライブラリのインストールが開始されます。

```
!pip install mglearn
```

上記の`!pip install`とは、Pythonのライブラリインストールのための命令です。そして、mglearnというライブラリ（Pythonの場合、一般的にはパッケージと呼ぶ）をインストールします。

mglearnで用意されたBoston house-pricesデータセットでは**表2.1**に示した13個の特徴量だけでなく、各特徴量同士の積などを新たな特徴量として追加しています。合計で104個の特徴量が用意されています。また、各特徴量は**正規化**されています。

正規化とは、各特徴量のスケール（値の幅）を調整する操作です。たとえば、特徴量Aが1〜10をとる値なのに、特徴量Bが1,000〜10,000をとる値だと、各特徴量が目的変数に与える影響を、構築した線形回帰モデルの係数から判断することが難しくなります。具体的には、特徴量Aの係数に対し、Bの係数は小さくなります。すると一見、特徴量Bは重要でないように感じるのですが、これはもともと特徴量Bの値が大きいだけです。

このような特徴量ごとのスケールの違いによる問題を回避するために、各特徴量の値が0〜1の範囲になるよう調整します（特徴量の正規化方法はほかの手段もあります）。第3章で正規化について詳しく解説しますが、特徴量の正規化は多くの機械学習アルゴリズムで必要なので覚えておいてください。

また、モデルの性能を向上させるためにより良い特徴量を作成することを**特徴量エンジニアリング**と呼びます。特徴量エンジニアリングのさまざまな手法の詳細については本書で解説しませんが、気になる方は参考文献[12][13]などを参照してください。本節の場合は、**表2.1**の13種類の特徴量から、それら同士を掛け算した新たな特徴量を作成するという操作を実施しています（正確には実施されたデータをmglearnから取得しています）。

この事前に特徴量エンジニアリングされたデータを用いて目的変数である住宅価格を予測する線形回帰モデルを実装します。

データの読み込みと分割

データセットが用意されているライブラリをインストールしたので、データセットを準備しましょう（**リスト2.1**）。

■ リスト2.1 データセットの読み込みと分割[注2]

```
# 必要なライブラリのインポート
from sklearn.model_selection import train_test_split
from mglearn.datasets import load_extended_boston

# データセットの読み込み
X, y = load_extended_boston()

# 訓練データとテストデータに分割
X_train, X_test, y_train, y_test = train_test_split(X, y, random_state=0)
```

まず必要なライブラリをインポート（import）し、データセットを読み込んで、特徴量と目的変数に分割してデータセットに格納します。

インポートとは、このプログラムではこれから●●というパッケージとその関数やクラスを使用しますよ、と宣言することです。パッケージなどをインポートすることで、以降のプログラム内で使用することができます（なお、Pythonで標準に用意されている関数などはインポートせずに使えます）。

次に、scikit-learnのmodel_selectionモジュールに用意されているtrain_test_splitメソッドを用いてデータセットを訓練データとテストデータに分割します。

Pythonではインストールしてくるライブラリをパッケージと呼び、パッケージの中の関数およびクラス群をモジュールと呼びます。

データセットの準備段階で重要なのが**データセット全体を訓練データとテストデータに分割する**ことです。データセット分割の作法については第5章で詳しく解説しますが、機械学習では**モデルを学習するために使用する訓練データのほかに、機械学習モデルを本番環境で使用する際の性能を、未知のデータセットで評価するためにテストデータも用意する**必要があります。厳密には、訓練データをさらに細分化して検証データも

注2　リスト2.1のコードをGoogle Colaboratoryで実行すると、DeprecationWarning（非推奨の警告）が出力され、将来的にscikit-learnのバージョンが0.23に更新された際に一部のモジュールが削除されると表示されます。本書の執筆時点では、Google Colaboratoryにインストールされているscikit-learnのバージョンは0.21.3（執筆時の最新バージョン）であるため警告が出たまま進めて問題ありません。万が一、本コード実行時にGoogle Colaboratoryのscikit-learnのバージョンが更新されていてエラーが出た場合には、mglearnをインストールしたあとに`!pip install scikit-learn==0.21.3`を実行するなどしてscikit-learnのバージョンをダウングレードしてみてください。ダウングレードしてみてもうまく動作しない場合は本書サポートページ[11]のIssuesから問い合わせてください。

作成し、ハイパーパラメータの調整や異なるモデルの性能比較に用います。ひとまず本節では、学習済みモデルの汎化性能を評価するためには、学習用の訓練データと評価用のテストデータの2つを用意する必要があると覚えておいてください。

なお汎化性能とは、構築した機械学習モデルの、訓練や検証で使用していない未知のデータに対する性能を意味します。

今回実装で使用するtrain_test_splitメソッドはデフォルトでは、データセットの75%を訓練データ、25%をテストデータにランダムに分割する仕様になっています。分割の比率を変更したい場合は、train_test_splitメソッドの引数でtest_sizeの割合を指定してください。

また、random_stateには0を指定して乱数シードを固定しています。この乱数シードを固定していれば同じデータに対しては、実行するたび、毎回同じように訓練データとテストデータに分割してくれます。学術研究においてもビジネスにおいても、**プログラムの実行手順と結果の再現性を確保することは大切です**。そのためにも乱数シードを固定しておくことが重要なので覚えておいてください。

ただし、本書は入門向けであり、このプログラム（や本書の大部分）では、scikit-learnのシードのみを固定しています。本来であれば、Python本体、random（と呼ばれるパッケージ）、Numpy、それぞれについてシード固定をします。このあたりについては本書を終え、さらにステップアップしていく際に新たな書籍などで押さえてください。

単回帰モデルの実装

データの準備ができたので特徴量として「住居の平均部屋数（RM）」のみを使用する**単回帰モデル**を実装してみましょう（**リスト2.2**）。

■ **リスト2.2　単回帰モデルの適用**

```
# 必要なライブラリのインポート
import matplotlib.pyplot as plt
from sklearn import linear_model
plt.style.use('seaborn-darkgrid')  # グラフのスタイルを変換

# 住居の平均部屋数の列のみを使用
X_train_single = X_train[:, 5].reshape(-1, 1)
X_test_single = X_test[:, 5].reshape(-1, 1)

# 単回帰モデルの適用
```

```
lm_single = linear_model.LinearRegression()
lm_single.fit(X_train_single, y_train)

# 構築した単回帰モデルで訓練データを予測
y_pred_train = lm_single.predict(X_train_single)

# 訓練データと学習した単回帰モデルの可視化
plt.xlabel('RM')  # x軸のラベルを設定
plt.ylabel('MEDV')  # y軸のラベルを設定
plt.scatter(X_train_single, y_train)  # 各データ点（散布図）を作図
plt.plot(X_train_single, y_pred_train, color='red',linewidth=2)  # 回帰した直線を作図
plt.show()    # 作成したグラフを描画
```

● 図2.2 リスト2.2の実行結果。赤色の線が構築した単回帰モデル

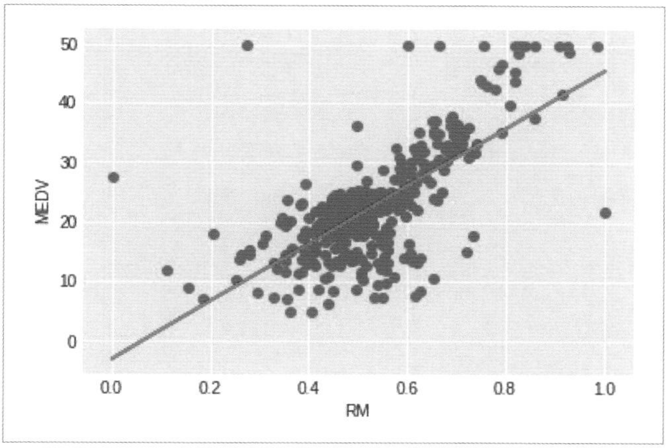

リスト2.2の実装コードでは、グラフで可視化するためにライブラリ**Matplotlib**を使用しています。Pythonで機械学習を実装する際によく用いられるライブラリなので覚えておいてください。

まず必要なライブラリをインポートし、訓練データおよびテストデータからそれぞれ住居の平均部屋数の列（`X_train[:, 5]`）のみを抜き出します[注3]。そして、scikit-learnのlinear_modelモジュールの中にあるLinearRegressionクラスを用いて線形回帰モデル

注3　scikit-learnのfitメソッドに渡すデータは2次元配列でないとエラーが発生するため、reshapeを使って1次元配列を2次元配列に変換しています。

のオブジェクトを生成し、fitメソッドで訓練データにうまく適合するモデルを学習します。

次に、学習した単回帰モデルを可視化するために、訓練データに対してpredictメソッドを適用し、住宅価格を予測します。最後に可視化ライブラリMatplotlibを使用して各データ点と単回帰モデルを出力します（**図2.2**）。

リスト2.2で構築した単回帰モデル（**図2.2**の直線）は**式2.1**で表現されます。

$$y = w_0 + w_1 x \tag{2.1}$$

ここでxは「住居の平均部屋数（RM）」、yは「住宅価格（MEDV）」です。また、w_0を**バイアスパラメータ**、w_1を**重みパラメータ**と呼びます。今回はこのw_0とw_1を訓練データから学習させました。

式2.1の右辺の各項の意味を説明します。第1項のバイアスw_0は直線の切片です。訓練データが持つ潜在的な偏りを表現しています（つまり、RMが0だった場合の住宅価格）。

第2項のw_1は直線の傾きです。傾きは、特徴量xが予測値yに与える影響度の大きさを表現しています。重みパラメータw_1が大きいと、xが予測値yに与える影響は大きくなります。つまり、単回帰モデルは特徴量の影響度にバイアスw_0を足した形になっています。

リスト2.2で実装した単回帰モデルのバイアスパラメータと重みパラメータを表示してみましょう（**リスト2.3**）。学習後のバイアスパラメータおよび重みパラメータはそれぞれ線形回帰オブジェクトの変数intercept_とcoef_に格納されています。

■ リスト2.3 バイアスパラメータと重みパラメータの表示

```
# バイアスパラメータと重みパラメータの表示
print(f'intercept: {lm_single.intercept_:.2f}')
print(f'coef: {lm_single.coef_[0]:.2f}')
```

● 図2.3 リスト2.3の実行結果

interceptは切片、coefは傾きに対応する。

```
intercept: -3.02
coef: 48.60
```

図2.3を見ると、バイアスパラメータ（intercept）が−3.02、重みパラメータ（coef）

が48.60です。2つのパラメータの値を**式2.1**にあてはめると、実装した単回帰モデルは$y=-3.02+48.6x$と表現されます。

次に、scoreメソッドを用いて訓練データとテストデータに対してモデルを評価してみましょう（**リスト2.4**）。このscoreメソッドは線形回帰モデルのデータに対する当てはまりの良さを示します。

■ リスト2.4 訓練データとテストデータに対するモデルの評価

```
# 訓練データとテストデータでモデルを評価
print(f'Train score: {lm_single.score(X_train_single, y_train):.2f}')
print(f'Test score: {lm_single.score(X_test_single, y_test):.2f}')
```

● 図2.4 リスト2.4の実行結果

Train scoreは訓練データに対する評価値、Test scoreはテストデータに対する評価値に対応する。

```
Train score: 0.49
Test score: 0.47
```

線形回帰モデルの評価（scoreメソッドの出力）には決定係数R^2スコアが用いられます。R^2スコアとは回帰モデルの当てはまりの良さを表す指標です。組み立てた回帰モデルによる予測結果が、データの平均を通る単純な直線よりどれだけ良いかを表します。値は0〜1をとり、1に近づくほどデータに対する当てはまりが良いモデルになります。

実装した単回帰モデルのR^2スコアを見てみましょう（**図2.4**）。訓練データに対するR^2スコア（Train score）は0.49、テストデータに対するR^2スコア（Test score）は0.47で良いモデルではありません。なお、R^2スコアの具体的な式は**式2.2**となります。

$$R^2=1-\frac{\sum_{i=1}^{N}(y_i-\hat{y}_i)^2}{\sum_{i=1}^{N}(y_i-\mu)^2} \tag{2.2}$$

ここでy_iは正解データ、$\hat{y}_i$はモデルの予測値、Nはデータの総数、μ（ミュー）は訓練データの平均値で**式2.3**で計算されます。

$$\mu=\frac{\sum_{i=1}^{N}y_i}{N} \tag{2.3}$$

重回帰モデルの実装

ここまで「住居の平均部屋数（RM）」のみを特徴量として使用する単回帰モデルを実装しました。次は特徴量が2つ以上ある場合の**重回帰モデル**を実装してみましょう。実装の基本的な流れはここまでの単回帰モデルと同じです。

- ライブラリのインポート
- 訓練データとテストデータの用意
- アルゴリズム選択と訓練データ（および検証データ）による学習
- テストデータで性能を確認
- 未知のデータを回帰（または分類）

の5ステップになります。

この基本的なステップはほかの教師あり学習アルゴリズムでも同じになりますので、ぜひ覚えておいてください。なお、本節では、未知のデータを用意していないため、ステップ5（未知のデータを回帰）は実施していません。

リスト2.1で用意したデータに対して重回帰モデルを適用し、バイアスパラメータと先頭4個の特徴量の重みパラメータの値、そして訓練データとテストデータに対するR^2スコアを算出します（**リスト2.5**）。

■ リスト2.5 重回帰モデルの適用

```
# 重回帰モデルを適用する
lm = linear_model.LinearRegression()
lm.fit(X_train, y_train)

# バイアスパラメータと重みパラメータ先頭4個の表示
print(f'intercept: {lm.intercept_:.2f}')
print(f'coef: {lm.coef_[:4]}')

# 訓練データとテストデータでモデルを評価
print(f'Train score: {lm.score(X_train, y_train):.2f}')
print(f'Test score: {lm.score(X_test, y_test):.2f}')
```

● 図2.5 リスト2.5の実行結果
重回帰モデルなので重みパラメータ（coef_）は複数個になる。

```
intercept: 30.93
coef: [-412.7109467   -52.24320682 -131.89881469  -12.00413648]
Train score: 0.95
Test score: 0.61
```

重回帰モデルは**式2.4**で表現されます。

$$y = w_0 + w_1 x_1 + w_2 x_2 + \cdots + w_n x_n \tag{2.4}$$

単回帰モデルの**式2.1**と比較してみると、各特徴量に対する重みパラメータと特徴量の積の項が新たに加算されています。

重回帰モデルは複数の特徴量を使用している分、単回帰モデルに比べて複雑なモデルになり表現能力が向上します。実際に、訓練データに対するR^2スコアが0.95、テストデータに対するR^2スコアが0.61に向上しています（**図2.5**）。

以上、線形回帰モデルのプログラムの実装と実行を紹介しました。

アルゴリズムの詳細な解説（線形回帰モデルのこころ）

線形回帰モデルの訓練時に、その背後で起きているアルゴリズムの詳細を解説します。ここまでで、回帰モデルではデータの入出力の関係性を表現できることが明らかになりました。また、特徴量を1つだけ使用する線形回帰モデルを単回帰モデル、2つ以上使用する線形回帰モデルを重回帰モデルと呼びました。

ここで疑問が浮かんできます。データの入出力の関係性を最もうまく表現する直線はどのように決まるのでしょうか。この疑問を解消するには、直線の形を決める重みパラメータ$\boldsymbol{w} = (w_0, w_1, \cdots, w_n)$が訓練データからどのように学習されるかを知る必要があります。

線形回帰モデルの重みパラメータ$\boldsymbol{w}$を求める手法を解説します。パラメータ$\boldsymbol{w}$を求める際に活躍するのが**最小二乗法**と呼ばれる手法です。最小二乗法ではデータとモデルの予測値の誤差の二乗和（データごとの和を計算します）が、最小となる重みパラメータ$\boldsymbol{w}$が最も良いと仮定します（**図2.6**）。

誤差の二乗和が妥当かどうかは、議論の余地がありますが、この妥当性の説明にはAIエンジニアとして最低限押さえておきたい統計学的な知識を超えるので、本書では説明を省略します。線形回帰を使えるようになる、そのアルゴリズムのしくみを理解するということがまずは重要です。そしてより深い部分についてはその後、必要に応じてほかの書籍などで学習を進めてみてください。

● **図2.6 最小二乗法のイメージ**

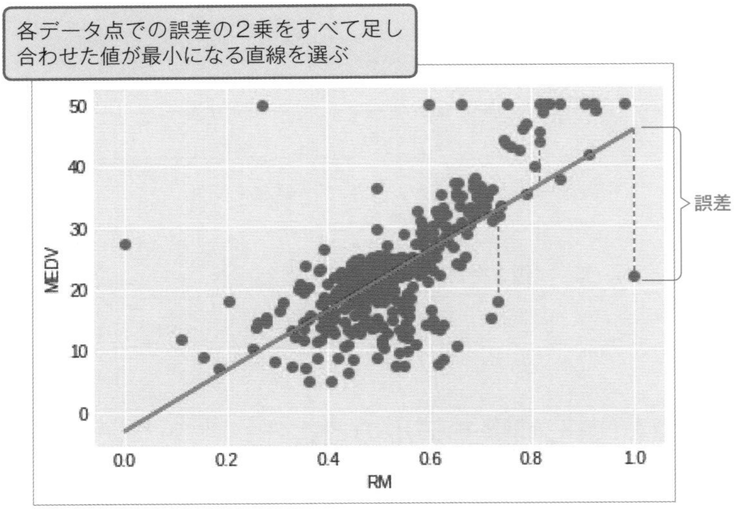

最小二乗法での誤差の総和の計算は、**式2.5**になります。

$$\mathrm{E}(\boldsymbol{w})=\frac{1}{2}\sum_{i=1}^{N}(y_i-\hat{y}_i)^2 \tag{2.5}$$

ただし、

$$\hat{y}_i=w_0+w_1x_{i1}+w_2x_{i2}+\cdots+w_nx_{in} \tag{2.6}$$

最小二乗法では誤差の総和$\mathrm{E}(\boldsymbol{w})$が最小となるようにパラメータ$\boldsymbol{w}$を調整します。ここで、$y_i$は$i$番目のデータの「住宅価格」(目的変数)、$x_{ij}$は$i$番目のデータの$j$番目の特徴量を表し、$\hat{y}_i$は$i$番目のデータに対する予測結果（モデルの出力）になります。

式2.5のΣ（シグマ）の上にあるNはデータの総数です。

この**式2.5**において、誤差そのものではなく、誤差の2乗を計算に使用するのは、たとえば$y_1-\hat{y}_1$が＋10で、$y_2-\hat{y}_2$が－10だったときに足した誤差の和が0になってしまうのを避けたいからです。2乗しておけば、足して200になります。

なお、**式2.5**の係数の1/2は$\mathrm{E}(\boldsymbol{w})$を最小にする$\boldsymbol{w}$を求める際に計算の都合が良くなるよう付けるのが一般的です。ここでは、そんなものなのだ、程度の理解で十分です。

この**式2.5**の誤差の総和$\mathrm{E}(\boldsymbol{w})$を最小にする$\boldsymbol{w}$は「ムーア-ペンローズの一般逆行列」[14] を計算して求めます（別手法もあります)。ですが、この部分の説明は入門者にとっては難しくなりすぎるので本書では省略します。scikit-learnを使えば、誤差を最

小にする $\boldsymbol{w}$ を自動的に求めてくれます。まずは最小二乗法の考え方やイメージを理解しておきましょう。そして本書を終え、さらに深くアルゴリズムを理解したくなったときには一般逆行列などの概念の学習にも挑戦してみてください。

以上解説しました線形回帰のフローをまとめると**図2.7**になります。

● 図2.7 線形回帰アルゴリズムの流れ

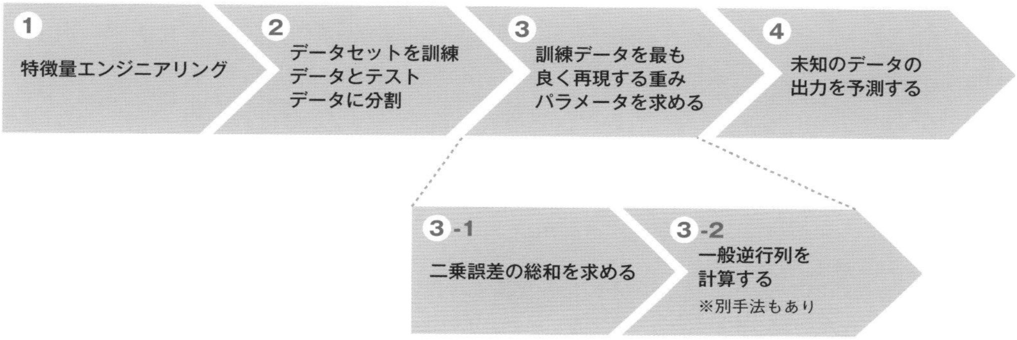

終わりに（線形回帰モデルの使用上の注意）

良い回帰モデルは、訓練データに対する性能が高く、かつ、テストデータに対する性能もほとんど低下しないモデルです。**リスト2.5**で実装した重回帰モデルの場合、訓練データに対する R^2 スコアが0.95、テストデータに対する R^2 スコアが0.61になっていて、テストデータに対する性能が大きく低下しています。このように、テストデータへの性能が低下している状態は、構築したモデルが訓練データに対して過剰にフィットしていることを示します。

機械学習のモデル訓練時に、訓練データに過剰にフィットし、テストデータでは性能が悪い現象を**過学習**と呼びます。次節では、過学習を回避するための工夫である正則化について紹介します。

また、本節で使用したボストン住宅価格（Boston house-prices）データセットは、1980年頃に公開されたデータセットであり、特徴量に「B：対象地域に住む黒人の比率」が含まれています。現在の機械学習・ディープラーニングの倫理的観点などから、人種や性別といった本人の努力では変えられない情報の利用には注意が必要です。機械学習のためのデータ取得における手続き、使用するデータの倫理的観点などは本書では詳細には解説いたしませんが、注意深く扱ってください。

2.3 L1正則化、L2正則化による過学習の抑制

本節では線形回帰モデルの弱点を解説し、線形回帰モデルの過学習を抑制するために正則化のテクニックを加えた回帰モデルである**L1正則化（Lasso）**と**L2正則化（Ridge回帰）**を紹介します。

本節を読み終えた際に整理・定着させておきたい点は次の３点です。

- scikit-learnを用いてL1正則化、L2正則化を実装できる
- 正則化は重みパラメータに制約をかける項を追加して過学習を抑制する
- L1正則化（Lasso）とL2正則化（Ridge回帰）の違いは重みパラメータへの制約のかけ方である

アルゴリズムの基本的な流れ、概要

正則化で実現したい処理の概要を解説します。正則化とは2.2節で実装した線形回帰モデル（重回帰モデル）のパラメータ$\boldsymbol{w}$が訓練データに過剰にフィットし、過学習する現象を防ぐために使用します。

過学習時には、訓練データに過剰にフィットさせるためにパラメータ$\boldsymbol{w}$の一部の値（絶対値）が大きくなりすぎるといったことが発生します。ここでパラメータ$\boldsymbol{w}$の値（絶対値）が大きくなりすぎないようにペナルティを与えるテクニックが正則化です。

最小二乗法で求める誤差の総和にペナルティを足し合わせることで、訓練データに過剰に適合したモデルができあがらないようにします。つまり、正則化では回帰モデルの汎化性能（テストデータに対するR^2スコア）を向上させることが目標になります。

プログラムの実装と実行

データの読み込みと分割

正則化モデルを実装していきます。本節では2.2節の線形回帰モデルで使用したデータセットを引き続き扱います。Google Colaboratoryで新しいノートブックを作成した場合は2.2節を参考に、必要なライブラリのインポートやデータセットの読み込みを実行してください。

L2正則化(Ridge回帰)の実装

まず、ボストン住宅価格データに対して線形回帰モデルを構築する際に、正則化モデルの1つであるL2正則化(Ridge回帰)を適用してみましょう。

scikit-learnではlinear_modelモジュールの中にRidgeクラスが用意されています。基本的に実装の流れは線形回帰モデルと同じで、LinearRegressionの代わりにRidgeを適用する部分のみが異なります(**リスト2.6**)。

ただし、L2正則化で使用される正則化のハイパーパラメータalphaを1.0(scikit-learnのデフォルト値)に設定しています。正則化パラメータalphaの詳細はのちほど解説します。

■ リスト2.6 L2正則化(Ridge回帰)の適用

```
#L2正則化 (Ridge回帰) の適用
ridge = linear_model.Ridge(alpha=1.0, random_state=0)
ridge.fit(X_train, y_train)

# バイアスパラメータと重みパラメータ先頭4個の表示
print(f'intercept: {ridge.intercept_:.2f}')
print(f'coef: {ridge.coef_[:4]}')

# 訓練データとテストデータでモデルを評価
print(f'Train score: {ridge.score(X_train, y_train):.2f}')
print(f'Test score: {ridge.score(X_test, y_test):.2f}')
```

● **図2.8　リスト2.6の実行結果**

Test scoreが2.2節の線形回帰モデルの0.61から0.75に向上し、過学習が抑制されている。

```
intercept: 21.39
coef: [-1.41368408 -1.55661895 -1.46543409 -0.12661607]
Train score: 0.89
Test score: 0.75
```

図2.8で示したR^2スコアを確認してみましょう。訓練データに対するスコアは2.2節よりも少し下がってしまいましたが（0.95から0.89に変化）、テストデータに対するスコアは2.2節の線形回帰モデルの0.61から0.75に向上しています。つまり、L2正則化モデルは訓練データに対する過学習を抑制し、未知のデータに対する性能を向上させています。

また、出力結果（**図2.8**）の2行目の重みパラメータを見てみましょう。正則化なしの線形回帰モデル（**図2.5**の2行目）と比較すると、重みの絶対値が小さな値になっています。

L1正則化(Lasso)の実装

次にL1正則化（Lasso）と呼ばれる手法を適用してみましょう。

L2正則化と同様に、LinearRegressionの代わりにLassoを適用するだけで実装できます（**リスト2.7**）。ただし、誤差を最小化する計算の反復回数をmax_iterで2000に設定しています。

また、構築された線形回帰モデルのうち、係数が0でない重みwの数をカウントしています。そこで実装コードでは新たに、**NumPy**のcount_nonzeroを使用しています。Matplotlibと同様に、NumPyもPythonで機械学習を実装する際によく用いられるので覚えておいてください。

■ **リスト2.7　L1正則化（Lasso）の適用**

```
# 必要なライブラリのインポート
import numpy as np

# L1正則化（Lasso）の適用
lasso = linear_model.Lasso(alpha=0.01, max_iter=2000, random_state=0)
lasso.fit(X_train, y_train)

# 値が0以外の重みパラメータを表示
```

```
print(f'Number of nonzero parameters: {np.count_nonzero(lasso.coef_)}')

# 訓練データとテストデータでモデルを評価
print(f'Train score:{lasso.score(X_train, y_train):.2f}')
print(f'Test score:{lasso.score(X_test, y_test):.2f}')
```


● 図2.9 リスト2.7の実行結果

線形回帰モデルの係数が0でない特徴量は33個とわかる。

```
Number of nonzero parameters: 33
Train score:0.90
Test score:0.77
```

L1正則化（Lasso）では、線形回帰モデルの重みパラメータのうちいくつかの値が0になる場合があります。すなわち、対応する重みwが0になった特徴量はモデルには使用されないという意味です。

出力結果（**図2.9**）の1行目を見てみると、0でない重みパラメータの数は33個です。つまり、訓練データで用意した特徴量104個のうち33個を使用して、回帰モデルを作成したことを意味しています。

図2.9を見ると、テストデータに対するスコアも2.2節の線形回帰モデルの0.61から0.77に向上しており、過学習が抑制されています。すなわち、L1正則化（Lasso）を使用することで過学習を防ぎながら、少ない特徴量で出力を予測できています。

なお、**リスト2.7**の実装例では、正則化パラメータalphaの値を0.01に設定しています（scikit-learnのデフォルト値はalpha = 1.0）。今回は事前にalphaを適当な値に設定していますが、このような勝手な変更は実用上においては注意が必要です。

このalphaのようなパラメータはハイパーパラメータと呼ばれます。ハイパーパラメータの値は訓練データとは別に検証データを用意して、性能が良くなる値になるように決定する必要があります。データセット分割の作法と合わせてハイパーパラメータの調整については第5章で詳しく解説します。

アルゴリズムの詳細な解説（正則化モデルのこころ）

正則化モデルの訓練時に、その背後で起きている内容を解説します。過学習している線形回帰モデルは、訓練データのなるべく多くのデータ点の近くを通ろうとするために、重みパラメータの一部が極端に小さくまたは大きくなる傾向にあります（**図2.5**の2行目）。その結果、訓練データにだけうまく当てはまるような複雑なモデルができあがってしまいます。正則化では、複雑すぎるモデルが構築されないように**重みパラメータwの値に制約をうまくかけて過学習を防ぎます**。

最小二乗法では、**式2.5**で表される誤差の総和$\mathrm{E}(\boldsymbol{w})$を最小にするような重みパラメータを学習したのを思い出してください。正則化では、重みパラメータに制約をかける項（正則化項）を**式2.5**に新たに追加します。たとえば、L2正則化（Ridge回帰）は**式2.7**となります。

$$\mathrm{E}(\boldsymbol{w}) = \frac{1}{2}\sum_{i=1}^{N}(y_i - \hat{y}_i)^2 + \alpha\|\boldsymbol{w}\|_2 \tag{2.7}$$

ただし、

$$\|\boldsymbol{w}\|_2 = w_0^2 + w_1^2 + \cdots + w_n^2 \tag{2.8}$$

です。

式2.7の右辺の第2項の解釈を説明します。各重みパラメータの絶対値が大きいほど$\|\boldsymbol{w}\|_2$の値は大きくなり、それに伴い、$\mathrm{E}(\boldsymbol{w})$も大きくなります。

つまり、正則化は絶対値が大きい重みパラメータwに対してペナルティを与えて、複雑すぎるモデルが構築されないように制御する手法です。

なお、$\|\boldsymbol{w}\|_2$の前にある係数αは、誤差の二乗和の項と正則化項の相対的な重要度を調節する正則化パラメータです。$\alpha = 0$のときには正則化なしの線形回帰モデルと同じになり、αを大きくするほど正則化が強まります。そしてこの正則化パラメータαが**リスト2.6**の実装で設定したalphaに対応しています。

続いてL1正則化（Lasso）を解説します。L1正則化では**式2.9**で示すように重みの絶対値を正則化項として用意し、誤差の二乗和の項に足します。

$$\mathrm{E}(\boldsymbol{w}) = \frac{1}{2}\sum_{i=1}^{N}(y_i - \hat{y}_i)^2 + \alpha\|\boldsymbol{w}\|_1 \tag{2.9}$$

ただし、

$$\|\boldsymbol{w}\|_1 = |w_0| + |w_1| + \cdots + |w_n| \tag{2.10}$$

L2正則化と同様に、係数αは誤差の二乗和の項と正則化項の相対的な重要度を調節する正則化パラメータで、**リスト2.7**の実装で設定したalphaに対応します。

L2正則化の制約では重みパラメータの絶対値は小さくなるだけで完全に0にはなり

ません。一方で、L1正則化ではいくつかの重みパラメータが0になります。このメカニズムは少々難しいため、気になる方は参考文献 [15] [16] などを参照してください。重みパラメータの値が0になれば特徴量との積の値も0になります。つまり、**L1正則化では自動的に重要な特徴量が選択されていると解釈できます。**

終わりに（L1正則化とL2正則化の使い分け）

L1正則化とL2正則化を使い分けるポイントは、重みパラメータの一部を0にし、回帰モデルで使用される特徴量の数を制限したいかどうかです。具体的には「過学習を防ぎたいが、使用する特徴量のすべてが重要な場合」はL2正則化、「過学習を防ぐために、使用する特徴量が減っても良い場合」はL1正則化を採用すると良いでしょう。またこの2つの手法のほかに、L1正則化とL2正則化を組み合わせたElastic Netと呼ばれる機械学習モデルもあります [17]。

2.4 ロジスティック回帰による クラス分類

前節までは、目的変数は住宅価格など数値でした。本節からは数値ではなく、ラベル（人が定めた識別子）を予測する**クラス分類**を扱います。

本節ではクラス分類の1つである**ロジスティック回帰**を解説します。アルゴリズム名に「回帰」という言葉が付いているのでややこしいですが、ロジスティック回帰は回帰ではなく、分類に用いられます。なぜ名前に「回帰」が付くかは本節の後半部分で解説します。

本節を読み終えた際に整理・定着させたい点は次の3点です。

- scikit-learnを用いてロジスティック回帰モデルを実装できる
- ロジスティック回帰では、ロジスティック関数に線形関数を代入してモデルを作成する
- ロジスティック回帰モデルの尤度関数から計算した誤差関数の値が最小となるようなパラメータの値を求める

アルゴリズムの基本的な流れ、概要

ロジスティック回帰によって実現したい処理を解説します。

本節では、分類する対象のデータとして、架空の会員顧客データ（過去1年分）を作成します。会員顧客データはx軸が年間購入回数、y軸が平均購入単価を表す2次元データとします。ラベル（クラス）は会員継続顧客か退会顧客かを示すものとします。その年の終わりに会員継続した顧客であればラベル1を、退会した顧客であればラベル0を付けます。そして、訓練データをもとにロジスティック回帰モデルを学習し、未知の顧客が会員継続顧客と退会顧客のどちらに分類されるのかを予測する機械学習モデルを実装します。

つまり、**図2.10**のように2次元にマッピングされた2クラス（継続または退会）の未

知データをなるべくうまく分類するような境界となるモデルを学習させることが目標になります。

● 図2.10 ロジスティック回帰で実現したいこと

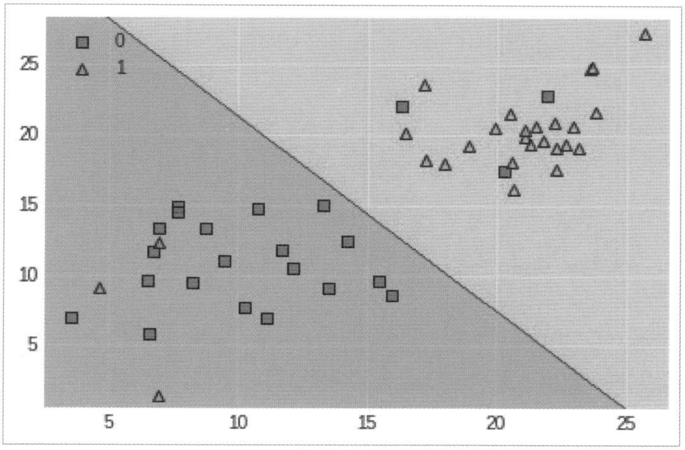

このように架空のデータではありますが、会員が継続しそうか、解約しそうかを機械学習で予測し、解約しそうな方にはそれを防ぐ施策を打ちたいというのがビジネス的な目的となります。

プログラムの実装と実行

データの読み込みと分割

ロジスティック回帰を実装していきます。前述しましたが、本節では機械学習の対象データとして、x軸が年間購入回数、y軸が平均購入単価を表す2次元データである過去1年間の架空の会員顧客データを作成します。分類したいラベルは会員継続顧客か退会顧客かを示し、その年の終わりに会員継続した顧客であればラベル1を、退会した顧客であればラベル0を付けます。

年間購入回数、平均購入単価の両方の値が高い人は会員継続率が高い傾向にあるとして、2つの架空の集団データを作成します（**リスト2.8**および**図2.11**）。**リスト2.8**では数学的知識としてガウス分布、平均、標準偏差、分散共分散行列という概念を使用しています。また、ガウス分布に従うデータの生成、配列の結合、配列からラベルごとにデータを抽出するためにNumPyのAdvanced Indexingなどを使用しています。ここではこんなものなのか、程度にご理解ください。ガウス分布については第3章で詳しく解説します。

■ リスト2.8 模擬データの作成（x軸：年間購入回数、y軸：平均購入単価）

```
# 必要なライブラリのインポート
import numpy as np
import pandas as pd
import matplotlib.pyplot as plt
plt.style.use('seaborn-darkgrid')

# 乱数のシードを固定
np.random.seed(0)

# 2次元ガウス分布で模擬データ100人分を作成
mean = [10, 10]  # 平均値
cov = [[10, 3], [3, 10]]  # 分散共分散行列
x1, y1 = np.random.multivariate_normal(mean, cov, 100).T  # 2次元データ生成
true_false = np.random.rand(100) > 0.9  # 0-1の一様乱数の10%がTrue
label1 = np.where(true_false, 1, 0)  # Advanced indexingでLabelデータ生成

# 2次元ガウス分布で模擬データ100人分を作成
mean = [20, 20]  # 平均値
cov = [[8, 4], [4, 8]]  # 分散共分散行列
x2, y2 = np.random.multivariate_normal(mean, cov, 100).T
true_false = np.random.rand(100) > 0.1  # 0-1の一様乱数の90%がTrue
label2 = np.where(true_false, 1, 0)  # Advanced indexingでLabelデータ生成

# データを描画
X = (np.r_[x1, x2])  # 配列の結合
Y = (np.r_[y1, y2])
label = (np.r_[label1, label2])

# ラベル1の継続会員とラベル0の退会会員をAdvanced indexingで取り出して描画
plt.scatter(X[label == 1], Y[label == 1], marker='^', s=30,
            c='blue', edgecolors='', label='1:continue')
plt.scatter(X[label == 0], Y[label == 0], marker=',', s=30,
            c='red',  edgecolors='', label='0:withdraw')
plt.xlabel("Annual number of purchases")
plt.ylabel("Average purchase price")
```

```
plt.legend(loc="lower right")  # 凡例の出現位置を制御
plt.show()
```

● 図2.11 リスト2.8の実行結果

▲が継続、■が退会した顧客の模擬データに対応する。

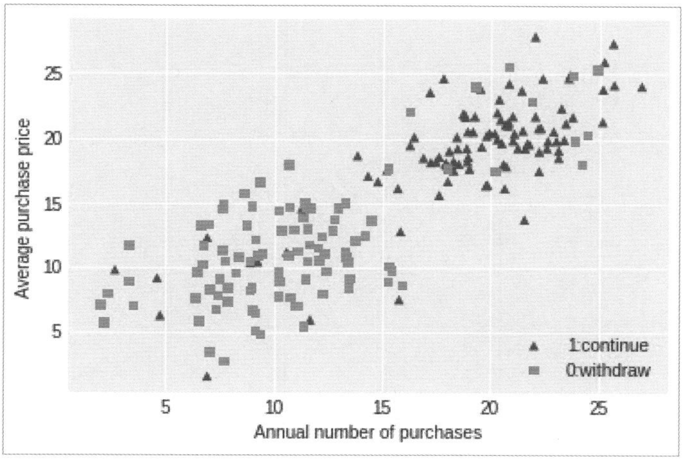

ロジスティック回帰の実装

作成した会員購買データに対して会員継続ラベルごとにデータを分類するロジスティック回帰を実装してみましょう。実装の前に、scikit-learnで分類の閾値となる直線を描画してくれるライブラリ「mlxtend」をインストールします。

```
!pip install mlxtend
```

ロジスティック回帰も2.2節で示した教師あり学習の5つの基本ステップに従い実装していきます。本節では疑似データを作成しているためステップ5の未知のデータの予測まで一通り体験してみましょう。

■ リスト2.9　ロジスティック回帰の適用[注4]

```
# 必要なライブラリのインポート
from sklearn import linear_model
from sklearn.model_selection import train_test_split
from mlxtend.plotting import plot_decision_regions

# 訓練データとテストデータに分割
Data = (np.c_[X, Y])
X_train, X_test, y_train, y_test = train_test_split(Data, label, random_state=0)

# ロジスティック回帰の適用
clf = linear_model.LogisticRegression(random_state=0)
clf.fit(X_train, y_train)

# 学習した識別平面とテストデータをプロットする
plot_decision_regions(X_test, y_test, clf=clf, res=0.01, legend=2)
```

リスト2.9では、会員購買データのデータとラベルを、訓練データとテストデータに分割し、scikit-learnのlinear_modelモジュールの中にあるLogisticRegressionクラスのオブジェクトを生成します。そしてfitメソッドで、テストデータをうまく識別できるよう、ロジスティック回帰モデルのパラメータを学習させます。この学習したパラメータで生成される識別器の閾値が、本節の**図2.10**で示したクラス分類の閾値直線となります。

次に、テストデータに対する性能評価と新たな未知データに対してpredict関数でラベルを分類してみます（**リスト2.10**）。clf.scoreはクラス分類における正解率（予想ラベルと実際のラベルの一致が全データの何割か）を計算してくれます。

実行の結果、構築したロジスティック回帰モデルのテストデータに対する正解率は0.88と、88%で正解のラベルを予測することがわかりました。また、新たな顧客データ（値は適当に`[20, 15]`とした）に対してラベルを予測すると1となり、継続顧客と予測されます（**図2.12**）。

注4　本コードをGoogle Colaboratoryで実行するとFutureWarningが出力されますが、バージョン0.22で一部のデフォルト値が変更されることを示しているだけなので、ここでは気にしなくて問題ありません。万が一エラーが出た場合は、本書サポートページ［11］のIssuesから問い合わせてください。

■ リスト2.10 構築したロジスティック回帰モデルの評価と予測

```
# テストデータで性能評価
print(f'Accuracy: {clf.score(X_test, y_test):.2f}')

# 未知のデータを分類
label_prenew = clf.predict([[20, 15]])  # 適当なデータ[20,15]を分類
print(f'新たな顧客のラベルは{label_prenew}です。')
```

● 図2.12 リスト2.10の実行結果
1行目は正解率、2行目は予測したラベルを出力している。

```
Accuracy: 0.88
新たな顧客のラベルは[1]です。
```

アルゴリズムの詳細な解説（ロジスティック回帰のこころ）

ロジスティック回帰の訓練時に、その背後で起きていることを解説します。ロジスティック回帰は線形分離と呼ばれる分類アルゴリズムです［18］。線形分離とはデータが2次元であれば直線、3次元であれば平面で空間を切り分けてラベルを分類する手法です。

本項の説明は少し長くなるので、先にロジスティック回帰の流れを整理します。**図2.13**において、③-1～③-3は、③訓練データを最も良く再現するモデルのパラメータを求める、の詳細説明です。①から順に説明します。

● 図2.13 ロジスティック回帰の流れ

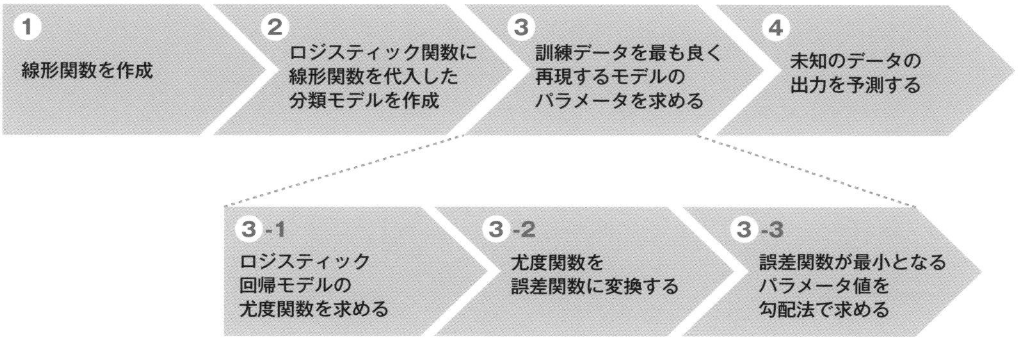

①線形関数を作成

ラベル1（会員継続した顧客）のデータは正の値を、ラベル0（退会した顧客）であれば負の値を出力する次のような線形関数を作成します。

$$z=\theta_0+\theta_1\times(\text{年間の購入回数})+\theta_2\times(\text{平均購入単価}) \tag{2.11}$$

ここでθ_0, θ_1, θ_2（θはシータと発音）は訓練データをうまく再現できるように学習させたいパラメータです。ただし、**式2.11**では、zはマイナス∞からプラス∞の値を出力します。最終的にほしいのは顧客のラベルであり、0もしくは1の値なので、**式2.11**の出力も0～1の範囲に変換してあげる必要があります。

②ロジスティック関数に線形関数を代入した分類モデルを作成

単純に考えれば、if文で**式2.11**のzの値が正なら出力ラベルを1、負なら0としてあげる方法が考えられます。しかし、if文の処理は数式で書けないため、if文では訓練データからθ_0, θ_1, θ_2を求めるのが困難になります。

そこで出力を0～1に変換するために、**式2.12**で表されるロジスティック関数を使用します。

$$\sigma(z)=\frac{1}{1+\exp(-z)} \tag{2.12}$$

ロジスティック関数は**図2.14**のように、入力zを、0から1へと変換して出力します。横軸zはマイナス∞からプラス∞へ伸びていますが、縦軸のロジスティック関数の出力は0～1の間になっており、入力$z=0$で、$\sigma(z)=0.5$（σはシグマと発音）となります。

● 図2.14　ロジスティック関数

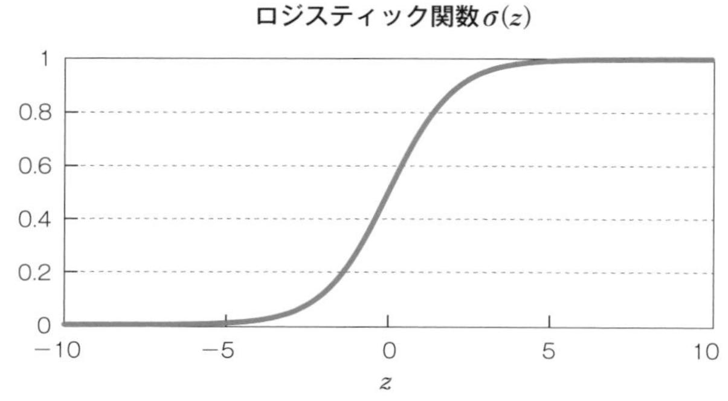

式2.11の線形関数を**式2.12**のロジスティック関数に入れると**式2.13**になります。

$$
\begin{aligned}
l_{\mathrm{pre}} &= \sigma(z) \\
&= \frac{1}{1+\exp\{-(\theta_0+\theta_1\times(\text{年間の購入回数})+\theta_2\times(\text{平均購入単価}))\}}
\end{aligned} \tag{2.13}
$$

式2.13の出力から、データのラベルは0なのか1なのかがわかります。たとえば、出力が0.49であれば分類結果のラベルはギリギリ0と判定されます。仮に出力が0.99であれば自信を持ってデータのラベルは1と判定されます。

ロジスティック回帰は分類アルゴリズムなのに、名前に回帰という名前が付いているのは、データがラベル1と分類される確率を0〜1の値で回帰して（数値を求めて）、その結果をもとにラベルを分類するアルゴリズムだからです。

③訓練データを最も良く再現するモデルのパラメータを求める

あとは訓練データの年間購入回数と平均購入単価を入力した際に、正しい0、1のラベルl_{pre}が出力されるようにパラメータθ_0, θ_1, θ_2を調整すれば学習完了です。パラメータの調整方法はこのあと解説しますが、AIエンジニアとして機械学習を初めて学ぶ方には数学的に理解が難しい内容となっています。初学者の方はまず、訓練データの年間購入回数と平均購入単価を入力した際に、きちんと正しい0、1のラベルl_{pre}が出力されるように、θ_0, θ_1, θ_2を調整していることを理解すれば十分です。また、本書全体を読んだあとに、ゆっくり以下にも挑戦してみてください。

③-1 ロジスティック回帰モデルの尤度関数を求める

θ_0, θ_1, θ_2を調整するには最尤推定《さいゆうすいてい》と呼ばれる統計手法を使用します。最尤推定とは尤度《ゆうど》が最も高くなるモデルやパラメータを求める手法です。尤度とはそのモデルやパラメータのもっともらしさを示し、「とあるモデルとパラメータにおいて、訓練データが得られる確率」を表します。今回のロジスティック回帰の場合、訓練データの1つの値が（年間の購入回数, 平均購入単価）＝（20, 18）で、そのラベル＝1であったとすると、そのデータがロジスティック回帰から得られる確率pは**式2.14**で計算されます。

$$
\begin{aligned}
p(l_{\mathrm{pre}}=1) &= \frac{1}{1+\exp\{-(\theta_0+\theta_1\times 20+\theta_2\times 18)\}} \\
&= \sigma(\theta_0+\theta_1\times 20+\theta_2\times 18)
\end{aligned} \tag{2.14}
$$

また、別の訓練データの1つの値が(年間の購入回数, 平均購入単価)＝(10, 5)で、ラベル＝0であったとすると、そのデータがロジスティック回帰から得られる確率pは

式2.15で計算されます。

$$
\begin{aligned}
p(l_{\mathrm{pre}}=0) &= 1-\frac{1}{1+\exp\{-(\theta_0+\theta_1\times 10+\theta_2\times 5)\}} \\
&= 1-\sigma(\theta_0+\theta_1\times 10+\theta_2\times 5)
\end{aligned}
\tag{2.15}
$$

ロジスティック回帰モデル$\sigma(z)$はラベルが1となる確率を出力するので、出力された確率を1から引き算することで、ラベルが0となる確率が求まります。

ここで、出力ラベルが0か1かでデータが得られる確率を表す式が異なるのが面倒です。できれば同じ式で書きたいです。そこで、$x^0=1$（つまり、なんらかの値の0乗は1になる）という性質を利用します。

訓練データの1つの値が$(x, y)=(x_i, y_i)$で、ラベル$=l_i$であったとすると、そのデータがロジスティック回帰から得られる確率pは**式2.16**になります。

$$
p(l_{\mathrm{pre}}=l_i)=\{\sigma(\theta_0+\theta_1 x_i+\theta_2 y_i)\}^{l_i}\times\{1-\sigma(\theta_0+\theta_1 x_i+\theta_2 y_i)\}^{1-l_i}
\tag{2.16}
$$

式2.16では$x^0=1$の性質を利用しており、l_iが1のときは**式2.16**の掛け算の後ろの項$\{1-\sigma(\theta_0+\theta_1 x_i+\theta_2 y_i)\}^{1-l_i}$が1となり、$l_i$が0のときは掛け算の前の項が1になるので、1つの式でラベルが1であろうと0であろうと、データが得られる確率を表せます。なお、**式2.16**のような形で書かれた確率分布をベルヌーイ分布と呼びます。

実際には訓練データは1つではなく、たくさんあります。たくさんのデータがそれぞれ得られる確率を計算するので、**式2.16**のpをデータごとに掛け算する必要があります。データ1～Nが得られる確率、つまり尤度は**式2.17**になります。

$$
L(\theta_0, \theta_1, \theta_2)=p(l_{\mathrm{pre}}=l_1)\times p(l_{\mathrm{pre}}=l_2)\times\cdots\times p(l_{\mathrm{pre}}=l_N)
\tag{2.17}
$$

尤度は英語でlikelihoodと呼ぶのでLを使用しています。またパラメータ$\theta_0, \theta_1, \theta_2$の値によって尤度の値が変わるので、$L$を尤度関数と呼びます。**式2.17**の尤度関数のように掛け算が続いている表現を総乗と呼び、ギリシャ文字の大文字パイで表して**式2.18**のように書きます。

$$
L(\theta_0, \theta_1, \theta_2)=\prod_{i=1}^{N} p(l_{\mathrm{pre}}=l_i)
\tag{2.18}
$$

この尤度関数$L(\theta_0, \theta_1, \theta_2)$が最大になるパラメータ$\theta_0, \theta_1, \theta_2$の値を求めます。

③-2 尤度関数を誤差関数に変換する

尤度関数を最大にするパラメータを求めたいですが、総乗の**式2.18**をそのまま扱うのは困難です。そこで対数尤度を使用して**式2.18**を簡単にします。対数尤度とは尤度関数の対数を計算したものです。対数関数logは、$\log(x \times y) = \log(x) + \log(y)$という変換が成り立ち、総乗（掛け算）を総和（足し算）へと変換できる性質があります。この性質を利用して、尤度関数のlogを計算し、その結果にマイナスを掛けたものを求めます。

$$E(\theta_0,\ \theta_1,\ \theta_2) = -\log\{L(\theta_0,\ \theta_1,\ \theta_2)\} = -\sum_{i=1}^{N}\log\{p(l_{\mathrm{pre}} = l_i)\} \tag{2.19}$$

式2.19で表される関数を誤差関数（Error function）もしくは損失関数（loss function）と呼びます。ここまでは尤度を最大化したいと説明しましたが、**式2.19**ではマイナスを先頭に掛け算しているので、この**式2.19**の誤差関数を最小にするパラメータθ_0, θ_1, θ_2の値を求めれば学習は完了となります。

③-3 誤差関数が最小となるパラメータ値を勾配法で求める

しかし、誤差関数を最小にするパラメータθ_0, θ_1, θ_2の値を、$\theta_0 = \cdots$といった形の式で表すのは困難です。そこで、勾配法と呼ばれる手法を利用します。勾配法では誤差関数$E(\theta_0,\ \theta_1,\ \theta_2)$をパラメータ$\theta_0$, θ_1, θ_2で偏微分して求めた誤差関数の傾きを利用します。まずとある具体的な初期パラメータθ_0, θ_1, θ_2での誤差関数の傾きを求めます。今パラメータが3つあるので傾きは3次元のベクトルで表現されます。この傾きベクトルは誤差関数が最も急峻《きゅうしゅん》に大きくなる方向を指しているので、その逆方向つまりマイナスを掛けた方向にパラメータθ_0, θ_1, θ_2の値を少し変化させると、誤差関数が小さくなる値にパラメータθ_0, θ_1, θ_2が更新できます。このように偏微分により勾配を求めて、その勾配方向の情報を利用してパラメータを更新する手法を勾配降下法（gradient descent）と呼びます（勾配降下法のさらなる詳細は第4章であらためて説明します）。

更新式を書くとパラメータθ_0の場合は**式2.20**になります（なお、この形以外の勾配法もあります）。

$$\theta_{0_{\mathrm{new}}} = \theta_{0_{\mathrm{old}}} - \eta \left.\frac{\partial E(\theta_0,\ \theta_1,\ \theta_2)}{\partial \theta_0}\right|_{\theta_0 = \theta_{0_{\mathrm{old}}}} \tag{2.20}$$

ここでη（イータ）は**学習率**と呼ばれる小さな正の値です。この**式2.20**のような更新をほかのパラメータθ_1, θ_2についても同時に行い、少しずつパラメータを更新していくと、やがて誤差関数$E(\theta_0,\ \theta_1,\ \theta_2)$の偏微分の傾きがほぼ0になる点が求まります。その点でのパラメータが、誤差関数が極小となる値です。

極小とは最小とは異なり、誤差関数の値が周囲よりも小さくなる点です。その周囲と比べると最も小さいのですが、全体で最も小さいとは限りません。極小を避け最小となるようにさまざまな工夫があるのですが、難しくなりすぎるので本書では省略します。

勾配降下法で傾きが0になるパラメータの値が求まればそこが誤差関数を最小にするパラメータ$\theta_0, \theta_1, \theta_2$であり、それは結局、尤度関数を最大にするパラメータでもあります。そして尤度関数を最大にするパラメータとは訓練データを最も良く再現するパラメータとなります。

なお、scikit-learnのロジスティック回帰は解が安定的に求まるように2.3節で紹介した正則化のテクニックなども同時に実行されています。また、デフォルトでは勾配降下法ではなく共役勾配法（coordinate descent）が使用されています（共役勾配法の解説は難しくなりすぎるので、本書では省略します）。

④求まったロジスティック回帰モデルで未知のデータのラベルを予測する

③を終え、訓練データからモデルパラメータの学習が終われば、テストデータや未知データに対してラベルを分類します。ラベルの値は、求まったパラメータ$\theta_0, \theta_1, \theta_2$の値でロジスティック回帰モデルの出力を計算し、出力が0.5以下であればラベル0、0.5より大きければラベル1とします。

終わりに

アルゴリズム部分の③の詳細である③-1～③-3は難しいので、また本書全体を読んだあとに、必要に応じてゆっくり挑戦してみてください。第1章でも解説しましたが、前からすべてを完璧に理解しようとすると時間がかかりすぎますし、モチベーションも持続しづらいです。まずは全体を浅く広く理解し、徐々にその理解を深めていくことをおすすめします。

2.5 SVCによるクラス分類

本節では2つめのクラス分類を扱うアルゴリズムとして**SVC**（Support Vector Machine Classification、サポートベクトルマシン・クラシフィケーション）を紹介します。

機械学習で分類課題を解決したい場合、はじめに試すアルゴリズムは前節で解説したロジスティック回帰もしくは本節で解説するSVCが一般的です。そのため、SVCはAIエンジニアにとって重要なアルゴリズムになります。SVCには**Linear SVC**と**Kernel SVC**があります。本書ではLinear SVCに重点を置いて解説します。

本節を読み終えた際に整理・定着させておきたい点は次の3点です。

- scikit-learnを用いてLinear SVCを実装できる
- ロジスティック回帰と比較した際のSVCの特徴とメリットを理解する
- ハードマージンSVCとソフトマージンSVCの特徴を理解する注5

アルゴリズムの基本的な流れ、概要

SVCを用いて実現したい処理を解説します。

図2.15 (a) は分類したいデータを、**図2.15 (b)** は正規化したデータに対してロジスティック回帰を実行した結果を示します。

図2.15 (b) を見るとロジスティック回帰でうまく分類でおきておらず、図の一番上、境界線付近にあるラベル1の三角形のデータが、右側のラベル0の領域に誤って分類されています。

ロジスティック回帰を実施する際にハイパーパラメータを調整すればこの誤分類を修

注5　ハードマージンSVCやソフトマージンSVCは正式なアルゴリズム名称ではありませんが、本書ではハードマージンの考え方をベースにしたSVMのクラス分類器をハードマージンSVC、ソフトマージンの考え方をベースにしたSVMのクラス分類器をソフトマージンSVCと呼びます。

正できますが、今回はSVCを使用してこの誤分類を解決します。

本節ではアルゴリズムの概要は次項以降の「プログラムの実装と実行」の中で解説を進めます。

● **図2.15　分類したいデータとロジスティック回帰の分類結果**

(b) に示すロジスティック回帰では、きれいに分類する境界線が学習できていない。

(a) 元データ　　**(b) ロジスティック回帰**

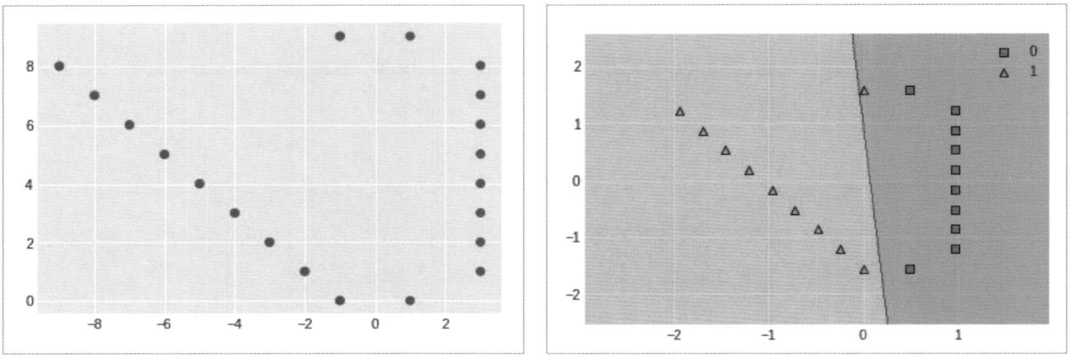

プログラムの実装と実行

データの準備

SVCを実装していきます。使用するデータとして**図2.15 (a)** で示した疑似データセットを作成します（**リスト2.11**）。なお、本節ではSVCの性質およびロジスティック回帰との性質の違いに着眼するため訓練データとテストデータに分割せず、訓練データで学習した結果のみ記載します。

■ **リスト2.11　図2.15 (a) に示す疑似データセットを作成するコード**

```
# 必要なライブラリのインポート
import numpy as np
import pandas as pd
import seaborn as sns
import matplotlib.pyplot as plt
from sklearn.linear_model import LogisticRegression
from sklearn import preprocessing

plt.style.use('seaborn-darkgrid')
```

```
# データの作成
X = np.zeros((20, 2))
X[0:10, 1] = range(0, 10)
X[10:20, 1] = range(0, 10)
X[0, 0] = 1.0
X[9, 0] = 1.0
X[1:9, 0] = 3.0
X[10:20, 0] = range(-1, -11, -1)
X[9, 0] = 1
X[19, 0] = -1

y = np.zeros((20))
y[10:20] = 1.0
y = y.astype(np.int8)

# 描画
plt.scatter(X[:, 0], X[:, 1], c=y, cmap=plt.cm.coolwarm)
plt.show()
```

図2.15 (b) で示したロジスティック回帰の結果は作成したデータをStandardScalerで正規化[注6]し、ロジスティック回帰を適用、結果をplot_decision_regionsで可視化すると表示できます（**リスト2.12**）。

■ **リスト2.12 図2.15 (b) に示す、疑似データへのロジスティック回帰の適用**

```
!pip install mlxtend

# 必要なライブラリのインポート
from mlxtend.plotting import plot_decision_regions

# 変数Xの標準化
sc = preprocessing.StandardScaler()
sc.fit(X)
X_std = sc.transform(X)
```

注6　StandardScalerでの正規化は標準化とも呼ばれます。第3章で詳しく解説します。

```
# ロジスティック回帰
lr = LogisticRegression(random_state=0)
lr.fit(X_std, y)
plot_decision_regions(X_std, y, clf=lr, res=0.01)
```

ハードマージンSVCの実装

SVCには**ハードマージンSVC**と**ソフトマージンSVC**の2種類があります。scikit-learnのsvmモジュールの中にあるLinearSVCクラスを適用してSVCを実装しながら、ハードマージンSVCとソフトマージンSVCの違いを見ていきましょう。

準備したデータに対してscikit-learnのLinearSVCを適用します（**リスト2.13**）。

■ リスト2.13　LinearSVCの適用

```
# 必要なライブラリのインポート
from sklearn import svm

# LinearSVCの適用
clf = svm.LinearSVC(random_state=0)
clf.fit(X_std, y)
plot_decision_regions(X_std, y, clf=clf, res=0.01)
```

● 図2.16　SVCによる分類結果

(b) の矢印は境界線からのマージンを示す。

(a) SVC　　(b) SVCのマージン（矢印）

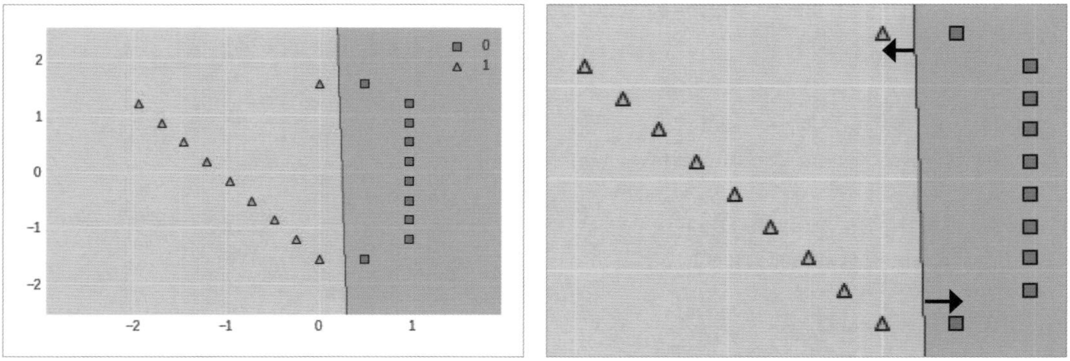

LinearSVCによるクラス分類の結果（**図2.16 (a)**）を見ると**図2.15 (b)** のロジスティック回帰の結果と異なり、きちんとラベル0と1のデータが分離できる境界線を学

習しています。

なぜSVCでは誤分類なくきちんと学習できたのか、その理由をSVCのメカニズムから解説します。

ハードマージンSVCの概要

SVCではクラスを分類する境界線を学習する際に、**マージン最大化**というルールを適用します。**マージン**とはクラスを分類する境界線に対して、それぞれのクラスの最も近いデータまでの距離です。**図2.16 (b)** の矢印がマージンを示します。このマージンの長さ（大きさ）が最大化されるような境界線を学習するのがSVCです。境界の近傍にあるデータ、すなわちマージンを規定しているデータを**サポートベクトル**と呼びます。そして、今回の**図2.16**のように、**訓練データに対して線形な境界線で誤分類なくきれいに訓練データを分離できるケースをハードマージンSVC**と呼びます。

ロジスティック回帰と比較した際の、マージン最大化に従うSVCの特徴とメリットを整理します。**SVCの特徴は、境界線の最近傍のデータに着目する点です。**最近傍のデータを境界線の作成に使用するため、2つのメリットがあります。

1つめのメリットは、訓練データをきれいに分離する境界線を学習できる点です。マージン最大化では境界線からのマージンを考えるので、ロジスティック回帰のように訓練データで誤分類が発生しません（ただし、誤分類なく分離できる境界線が存在する訓練データの場合に限ります）。

2つめのメリットは汎化性能が高い点です。汎化性能とは学習に使用していない未知のデータを分類する際の性能です。たとえば、**図2.16 (a)** において、訓練データを誤分類なく分類する境界線は、このパターン以外にもたくさん引くことができます。

図2.17 (a) にマージンが最大でない境界線を、**図2.17 (b)** にマージンが最大の境界線を示します。たとえば**図2.17**に★マークで示した、左側に分類されてほしいテストデータがあったとします（図の右下あたりにあります）。

● 図2.17　マージン最大化と汎化性能の関係

(a) のマージンが最大でない場合、★マークのテストデータは右側のクラスに誤分類されてしまう。

(a) マージンが最大でない　　(b) マージン最大化

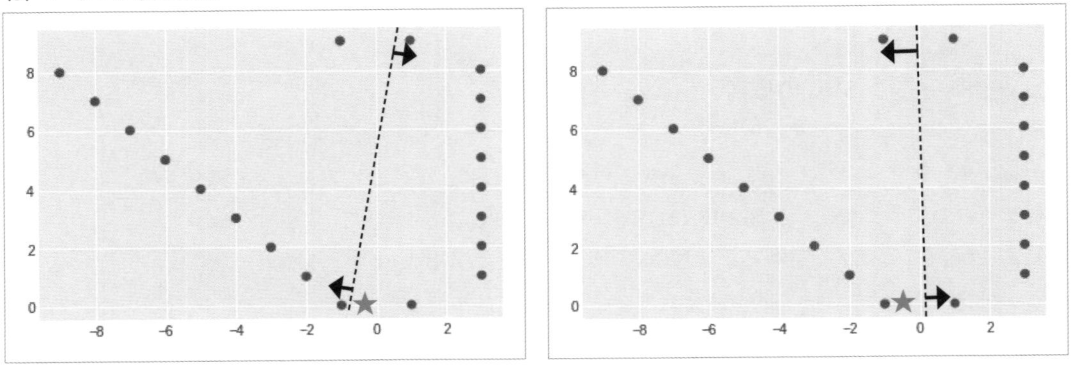

図2.17 (a) のマージンが最大でない場合は★マークは右側のクラスに誤分類されてしまいます。すなわち汎化性能が低くなります。一方で**図2.17 (b)** のようにマージン最大化であれば、訓練データよりも少し境界線に近い側にある★データも誤分類なく分類できています。

SVCはマージン、すなわち境界線から各クラスの最近傍にあるデータ（サポートベクトル）までの距離が最大になる場所に線を引くので、テストデータがサポートベクトルよりも少しばかり境界線の近くにあったとしても誤分類する可能性が低くなります。

ロジスティック回帰は訓練データの全部の誤差の総和を利用して境界線を引く一方で、SVCは境界線近傍のデータのみに着目するという特徴が、SVCの高い汎化性能を生み出します。

ソフトマージンSVCの実装と概要

次にソフトマージンSVCについて解説します。LinearSVCを適用するデータを新たに準備します（**リスト2.14**）。作成したデータは**図2.15 (a)** のデータに対して、左側にあるクラス（ラベル1）の一番上のデータを右方向に移動させています（**図2.18 (a)**）。

■ リスト2.14　線形分離できないデータの作成

```
# ラベル1の一番上の点を右にずらす
X[19, 0] = 2
plt.scatter(X[:, 0], X[:, 1], c=y, cmap=plt.cm.coolwarm)
plt.show()
```

このデータに対してこれまでどおりのLinearSVCを適用します（**リスト2.15**）。その結果が**図2.18（b）**です。**図2.16（a）**と比べると境界線が変化していますが、右方向に移動させたデータを誤分類しています。

■ リスト2.15 線形分離できないデータに対してLinearSVCを適用

```
# 変数Xの標準化
sc = preprocessing.StandardScaler()
sc.fit(X)
X_std = sc.transform(X)

# LinearSVCの適用
clf = svm.LinearSVC(random_state=0)
clf.fit(X_std, y)
plot_decision_regions(X_std, y, clf=clf, res=0.01)
```

● 図2.18 線形分離できないケースでのSVC

(a) 線形分離できないデータ　(b) SVC

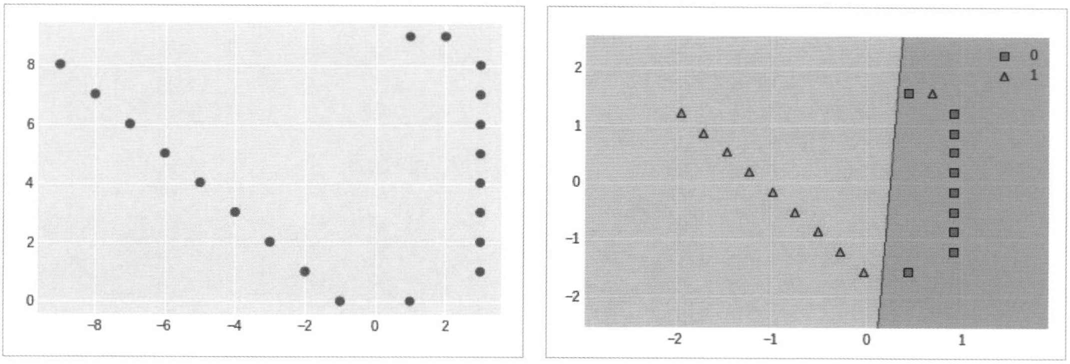

ここからは訓練データの各クラスを線形分離できない場合を考えていきます。

図2.18（a）のように線形分離できないデータに対して行うSVCを**ソフトマージンSVC**と呼びます。ソフトマージンSVCも、ハードマージンSVCと同様にマージン最大化を行うのですが、新たに**ペナルティ**という概念を導入します。

図2.19（a）は境界線に対するマージン（実線矢印）とペナルティ（点線矢印）を示しています。ペナルティとは「サポートベクトルよりも境界線の逆側にあるデータ」と「サポートベクトル」との距離のことです。

ソフトマージンSVCはマージンを最大化しつつ、ペナルティの総和の最小化を行います。しかし、マージン最大化とペナルティ最小化は両立しないので、どちらを重視するべきかのバランスを決める必要があります。このバランスをコントロール（Control）する定数をCで表します。Cが大きいとペナルティ最小化を重視し、Cが小さい場合はマージン最大化を重視します。つまり、コントロール定数Cが小さいとペナルティを気にしない傾向になります。

scikit-learnのsvmモジュールの中にあるLinearSVCクラスは、ソフトマージンSVCでありCの値がデフォルトで1に設定されています [19]。このCの値を小さくすると、ペナルティの影響が小さくなります。線形分離できないデータに対してC＝0.2のLinearSVCを適用します（**リスト2.16**）。Cを小さくしてペナルティを重視しないため、境界線は**図2.16 (a)** と似た結果になっています（**図2.19 (b)**）。

■ **リスト2.16　線形分離できないデータに対してC＝0.2のLinearSVCを適用**

```
# ソフトマージンSVC(C=0.2)の適用
clf = svm.LinearSVC(C=0.2, random_state=0)
clf.fit(X_std, y)
plot_decision_regions(X_std, y, clf=clf, res=0.01)
```

● **図2.19　ソフトマージンSVCのマージンとペナルティ**

(b) のようにマージン最大化とペナルティ最小化のバランス係数Cを小さくするとペナルティの影響が小さくなるため、誤分類を無視して図2.16と似た結果になる。

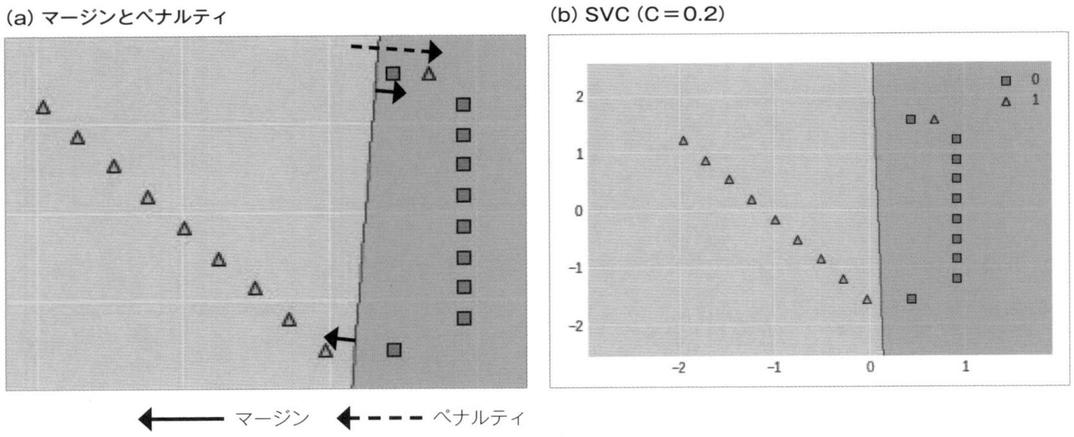

以上がソフトマージンSVCの解説となります。訓練データが確実に線形分離できるケースは現実的にはほぼあり得ないので、SVCと言えば基本的に、誤分類データにペ

ナルティを与えるソフトマージンSVCを意味します。

今回は線形にデータを分離するLinear SVCのみを紹介しています。SVCには非線形な境界線（曲線や曲面）を生みだすKernel SVCと呼ばれる手法もあります。最近は、非線形に分離したい複雑なケースではKernel SVCよりも、本書でのちほど解説するランダムフォレストやその派生手法である勾配ブースティング決定木（GBDT：Gradient Boosting Decision Tree）のほうが頻繁に使用されているように感じます（著者らの感覚では）。ですが、Kernel SVCという非線形なSVCの手法があることはぜひ覚えておいてください。

アルゴリズムの詳細な解説（LinearSVCのこころ）

LinearSVCの訓練時に、その背後で起きていることを解説します。SVCのベースとなっているSVM（Support Vector Machine）を0からすべて理解するには、大学の理系学部で習得する最適化数学の知識が必要になります。本書では完全理解までは踏み込まず、AIエンジニアとして最低限押さえておきたい深さで解説します。

はじめにscikit-learnのSVCの数学解説を見てみましょう。「1.4. Support Vector Machines」ページの「1.4.7. Mathematical formulation」の「1.4.7.1. SVC」を参照してください[20]。

$$\min_{\boldsymbol{w},b,\zeta} \frac{1}{2}\boldsymbol{w}^{\mathrm{T}}\boldsymbol{w} + C\sum_{i=1}^{N}\zeta_i \tag{2.21}$$

subject to

$$y_i(\boldsymbol{w}^{\mathrm{T}}\boldsymbol{x}_i + b) \geq 1 - \zeta_i \tag{2.22}$$

と記載があります。この記載はsubject toで示される**式2.22**の条件を満たしながら**式2.21**の値が最小となる$\boldsymbol{w}$、b、ζ（ζはゼータと発音する）を求めたいと解釈します。ただし、公式ドキュメント[20]に記載されている式はKernelSVCの説明なので、**式2.22**はLinearSVCの説明になるように少し変更しています。

LinearSVCのこころを理解するには、**式2.21**および**式2.22**が理解できれば十分です。**式2.22**において、$\boldsymbol{x}_i$はi番目のデータを示します。たとえば、データが2次元であれば、$\boldsymbol{x}_i$は2次元のベクトルになります。y_iはi番目のデータに対応するラベルです。ここでは2クラス分類を考えており、y_iは－1か1の値とします。$\boldsymbol{w}$とbが分離の境界線を決めるパラメータとなります。$\boldsymbol{w}$は$\boldsymbol{x}_i$と同じ次元になります。

式2.21はソフトマージンSVCの場合です。まずは簡単なハードマージンSVCを考えてみましょう。ハードマージンSVCは**式2.23**になります。

$$\min_{\boldsymbol{w},b} \frac{1}{2}\boldsymbol{w}^T\boldsymbol{w} \tag{2.23}$$

subject to

$$y_i(\boldsymbol{w}^{\mathrm{T}}\boldsymbol{x}_i+b) \geq 1 \tag{2.24}$$

ここでsubject toで示される条件で使用されている、$(\boldsymbol{w}^{\mathrm{T}}\boldsymbol{x}_i+b)$という部分がデータ$\boldsymbol{x}_i$のラベル$y_i$を予想するための式となります。すなわち、予想したい$(\boldsymbol{w}^{\mathrm{T}}\boldsymbol{x}_i+b)$を計算し、計算結果の正負に応じてラベルが－1か1を決めます。この式$(\boldsymbol{w}^{\mathrm{T}}\boldsymbol{x}_i+b)$を立てることがSVCの目的であり、そのために$\boldsymbol{w}$と$b$の値を訓練データから学習して求めます。

まずは条件式の$y_i(\boldsymbol{w}^{\mathrm{T}}\boldsymbol{x}_i+b) \geq 1$について説明します。

ラベル0の訓練データの場合、ラベルy_iを－1とします。そして、$(\boldsymbol{w}^{\mathrm{T}}\boldsymbol{x}_i+b) \leq -1$をすべてのラベル－1の訓練データで満たすような$\boldsymbol{w}$と$b$を求めます。一方、ラベル1の訓練データはラベル$y_i$を1とします。そして、$(\boldsymbol{w}^{\mathrm{T}}\boldsymbol{x}_i+b) \geq 1$になるように$\boldsymbol{w}$と$b$を求めます。

今、ラベルによって$(\boldsymbol{w}^{\mathrm{T}}\boldsymbol{x}_i+b)$が満たすべき条件式が異なっています。ここで各条件式にy_iを前から掛け算すると、どちらのラベルでも$y_i(\boldsymbol{w}^{\mathrm{T}}\boldsymbol{x}_i+b) \geq 1$という条件式になります[注7]。したがって、どのデータ（$\boldsymbol{x}_i, y_i$）に対しても、$y_i(\boldsymbol{w}^{\mathrm{T}}\boldsymbol{x}_i+b) \geq 1$が成り立つ$\boldsymbol{w}$と$b$を求めます。

ただし、問題があります。それは$y_i(\boldsymbol{w}^{\mathrm{T}}\boldsymbol{x}_i+b) \geq 1$が成り立つ$\boldsymbol{w}$と$b$の組み合わせが無数にあることです。そこで無数にある組み合わせの中で、$\frac{1}{2}\boldsymbol{w}^{\mathrm{T}}\boldsymbol{w}$が最小になる$\boldsymbol{w}$と$b$の組みを選びなさいというのが、**式2.23**の意図です。

この$\frac{1}{2}\boldsymbol{w}^{\mathrm{T}}\boldsymbol{w}$は境界線からの「マージンの2乗の逆数」となっています。なぜ$\frac{1}{2}\boldsymbol{w}^{\mathrm{T}}\boldsymbol{w}$がマージンの2乗の逆数になるのか気になる方は［21］などを参照してください。

SVCの意図どおりに「マージンを最大化する」と式を立てるのではなく、「マージンの逆数を最小化する」と目的を逆向きに設定している理由は、計算しやすいからです（機械学習では多くの場合●●を最小化する、という目的でパラメータを学習させるよ

注7　$(\boldsymbol{w}^{\mathrm{T}}\boldsymbol{x}_i+b) \leq -1$に$y_i$を掛け算するということは、両辺に－1を掛けることなので、右辺は1になり、不等号は向きが変わって、$y_i(\boldsymbol{w}^{\mathrm{T}}\boldsymbol{x}_i+b) \geq 1$になります。一方で$(\boldsymbol{w}^{\mathrm{T}}\boldsymbol{x}_i+b) \geq 1$に$y_i$を掛け算するということは、両辺に1を掛けることなので、右辺や不等号の向きは変わらないまま、$y_i(\boldsymbol{w}^{\mathrm{T}}\boldsymbol{x}_i+b) \geq 1$になります。

うに式を立てます)。

この目的関数、すなわちマージンの2乗の逆数の最小化、**式2.23**を考慮すれば、$\boldsymbol{w}$とbは一意に定まります。以上、ハードマージンSVCを解説しました。

続いてソフトマージンSVCの式を解説します。

ハードマージンSVCとソフトマージンSVCの式の違いは、スラック変数ζ_iの存在です。スラック変数ζ_iはサポートベクトル(境界線の最近傍データとして決めたデータ)よりも境界線に近いデータや境界線の逆側にあるデータに対してペナルティを与える変数です。

たとえば、ラベル1の訓練データ$\boldsymbol{x}_i$であれば$(\boldsymbol{w}^{\mathrm{T}}\boldsymbol{x}_i+b) \geq 1$になってほしいですが、サポートベクトルよりも境界線に近い、もしくは逆側に存在すると$(\boldsymbol{w}^{\mathrm{T}}\boldsymbol{x}_i+b)$が1よりも小さな値になります。このとき何らかの関数fを使って**式2.25**を立てます。

$$\zeta_i = f(1-y_i(\boldsymbol{w}^{\mathrm{T}}\boldsymbol{x}_i+b)) \tag{2.25}$$

そして**式2.25**をペナルティとして、スラック変数ζ_iの値を計算します。ラベルが−1のときは$\zeta_i = f(1+(\boldsymbol{w}^{\mathrm{T}}\boldsymbol{x}_i+b))$です。

スラック変数ζ_iの計算に使用する関数fには、一般的に**図2.20**に示すhinge関数が使用されます。hinge関数は入力が0以下の場合は0を出力し、入力が正の値の場合は入力と同じ値を出力します。

● 図2.20 hinge関数
入力が0以下の場合は0を出力し、入力が正の値の場合は入力と同じ値を出力。

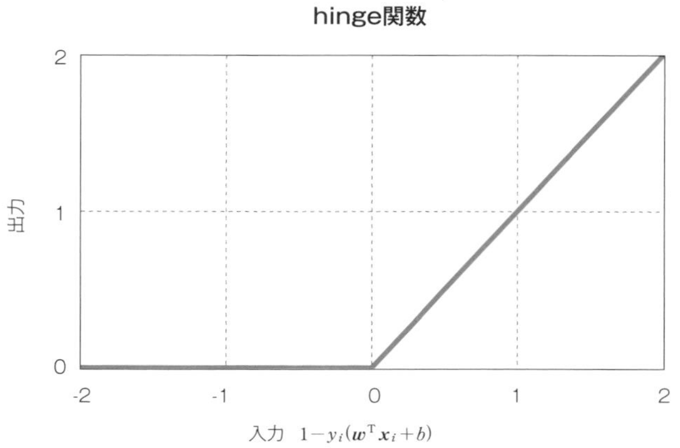

以下、ラベルが1の場合で解説をします。hinge関数を使用すると、訓練データ$\boldsymbol{x}_i$のうちサポートベクトル（すなわち$y_i(\boldsymbol{w}^{\mathrm{T}}\boldsymbol{x}_i+b)=1$）の場合は、$\zeta_i=0$となります。また、サポートベクトルよりも正しい側に判定されたデータの場合は$1-y_i(\boldsymbol{w}^{\mathrm{T}}\boldsymbol{x}_i+b)$が負の値になるのでhinge関数に入力すると、$\zeta_i=0$となります。つまりペナルティ0です。一方で、サポートベクトルより逆側に判定されたデータの場合は$1-y_i(\boldsymbol{w}^{\mathrm{T}}\boldsymbol{x}_i+b)$が正の値になるのでhinge関数に入力すると$\zeta_i=1-y_i(\boldsymbol{w}^{\mathrm{T}}\boldsymbol{x}_i+b)$となり、ペナルティ$\zeta_i$が発生します。

サポートベクトルよりも逆側にあるデータは、$y_i(\boldsymbol{w}^{\mathrm{T}}\boldsymbol{x}_i+b)$を計算すると1以下の値になってしまうため、ハードマージンSVCで使用していた条件式、$y_i(\boldsymbol{w}^{\mathrm{T}}\boldsymbol{x}_i+b)\geq 1$を満たしません。しかし、hinge関数によるペナルティζ_iを利用すると、$y_i(\boldsymbol{w}^{\mathrm{T}}\boldsymbol{x}_i+b)+\zeta_i$は1になるため、$y_i(\boldsymbol{w}^{\mathrm{T}}\boldsymbol{x}_i+b)+\zeta_i\geq 1$と書き直せます。ここでスラック変数を右辺に移項すると$y_i(\boldsymbol{w}^{\mathrm{T}}\boldsymbol{x}_i+b)\geq 1-\zeta_i$です。この条件式をすべての訓練データで満たすような$\boldsymbol{w}$とbを求めるのがソフトマージンSVCです。

しかし、ハードマージンSVCと同様に$y_i(\boldsymbol{w}^{\mathrm{T}}\boldsymbol{x}_i+b)\geq 1-\zeta_i$を満たす$\boldsymbol{w}$と$b$の組み合わせは無数にあります。そこでソフトマージンSVCの場合はマージン最大化とペナルティ最小化を目的関数とします。

すなわち、**式2.21**です。

$$\min_{\boldsymbol{w},b,\zeta}\frac{1}{2}\boldsymbol{w}^{\mathrm{T}}\boldsymbol{w}+C\sum_{i=1}^{N}\zeta_i \qquad (2.21\ 再掲)$$

ここでCはマージン最大化とペナルティ最小化のバランスを決めるパラメータです。**リスト2.16**の実装時に値を変化させたCに対応します。Cが大きいとペナルティに敏感になり、Cが小さいと訓練データの誤分類に寛容になります。

なお、scikit-learnのLinearSVCの場合デフォルトでは、目的関数のペナルティの計算にhinge関数ではなく、その2乗の値であるsquared-hinge関数が使用されます。以上、ソフトマージンSVCのこころを解説しました。

ここまでLinearSVCで解きたい条件式、$\boldsymbol{w}$とbの組み合わせを一意に定める目的関数を説明しました。残る内容は条件を満たしながら目的関数を最小化する$\boldsymbol{w}$とbを具体的にどう求めるかです。しかしながら、この部分はAIエンジニアにとっては、数学的に難しい内容となります。次段落で要点を説明しますが、はじめは理解する必要はありません。

$\boldsymbol{w}$とbを求めるための式は制約条件付き最小化問題となっています。そこでラグランジュの未定乗数法を使用して通常の連立方程式に変換します。導出した連立方程式を使用して、元の制約条件付き最小化問題の双対表現（dual）を求めます。この双対表現はラグランジュ乗数のみを二次計画法で解けば良い形式となっています。そこで双対表現の最適化問題を解いてラグランジュ乗数を求め、求めたラグランジュ乗数から $\boldsymbol{w}$ と b を計算します。詳細を知りたい方は [21] をご覧ください。

以上、LinearSVCの流れをまとめると**図2.21**になります。

● 図2.21 LinearSVCの流れ

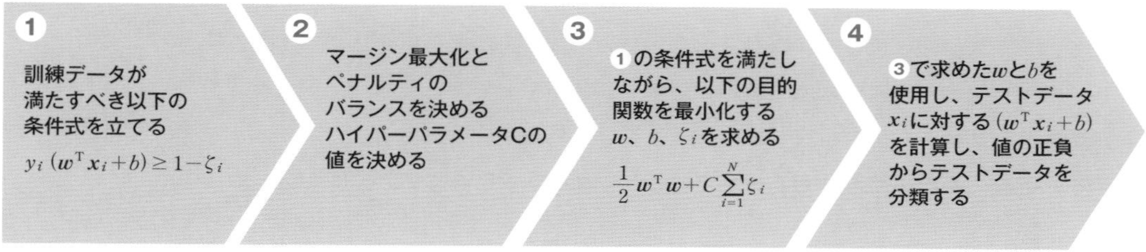

終わりに

SVCのアルゴリズムの解説は数式も多く、たいへん難しかったように感じられると思います。アルゴリズムの詳細な解説部分は、おいおいゆっくりと理解し、まずはプログラムの実装と実行部分で解説した、ソフトマージンSVC、ハードマージンSVCの概要を理解して実装・実用できるところを目指してみてください。

2.6 決定木によるクラス分類

本節ではクラス分類を扱うアルゴリズムの３つめとして**決定木**を紹介します。のちほど詳しく解説しますが、決定木はモデルの解釈性が高い手法であるため、モデル構成や中身、特徴を理解するための手段としてもよく用いられます。

本節を読み終えた際に整理・定着させておきたい点は次の３点です。

- scikit-learnを用いて決定木を実装できる
- 決定木は、情報利得が最大になるように条件判定を繰り返す分類手法である
- 決定木はモデルの解釈性が高い手法である

アルゴリズムの基本的な流れ、概要

決定木で実現したい処理を解説します。決定木はクラス分類と回帰の両方に用いられますが、本節ではクラス分類に適用します[注8]。決定木では特徴量に関するある一連の質問（条件判定）をもとにした二者択一の分岐を繰り返して入力データを特定のクラスに分類する手法です。

たとえば、とある動物の種類を入力データとし、哺乳《ほにゅう》類・魚類・爬虫《はちゅう》類の３つのいずれかに分類する問題を考えてみます（鳥類などは、今回は簡易化のため除く）。最適な分類結果を得るためにはどのような分割をしていけば良いでしょうか。考えられる決定木の例は**図2.22**になります。

注8　分類と回帰の両方に適用できるような木構造モデルの枠組みはCART（classification and regression tree）と呼ばれます（参考文献［21］）。

● 図2.22 哺乳類・爬虫類・魚類の３種類を分類する決定木の例

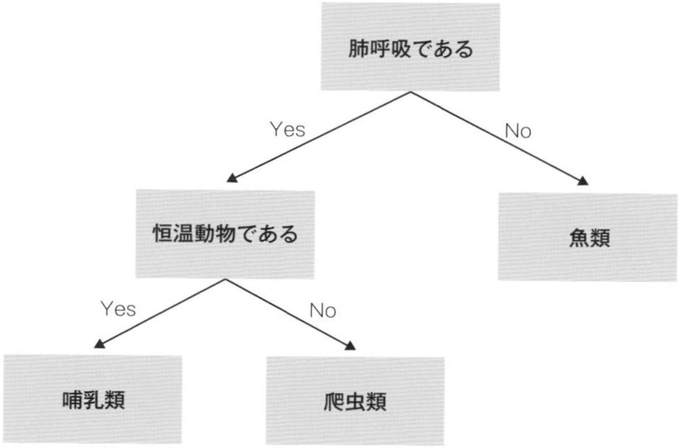

まず、1つめの質問で「肺呼吸であるかどうか」を問います。この条件分岐により魚類であるか否かを分類できます。次に、肺呼吸であるに該当したデータに対して2つめの質問「恒温動物であるかどうか」を問います。この条件判定により恒温動物であれば哺乳類、恒温動物でなければ爬虫類に分類できます。2つの条件分岐を用いて入力データを分割することにより、3つのクラスにきれいに分類できました。このように、**決定木では分類に効果的な条件判定を繰り返して分類問題を解きます**。

決定木では、最上層にあるノードを**根ノード（ルート）**、終端となるノードを**葉ノード（リーフ）**と呼びます。**図2.22**の例であれば「肺呼吸である」が根ノード、「哺乳類」「爬虫類」「魚類」のノードが葉ノードになります。両方に属さない「恒温動物である」のノードは、「肺呼吸である」のノードから見たときは子ノード、「哺乳類」のノードから見たときは親ノードと呼ばれます。

ノードが持つ条件判定のための分割条件は、**入力データを振り分けたときに情報利得（親ノードから子ノードへどれだけうまく分割できたかを示す指標）が最大になる**ように決定します。情報利得の詳細な計算方法についてはのちほど解説します。ここではまず、決定木は葉となる終端ノードが見つかるまで木を成長させ（木を深くし）入力データを分類するアルゴリズムだと覚えておいてください。

樹木状のモデルを作成してクラス分類するという決定木の性質は、モデルの出力結果に対する説明性を求められる場合に有効になります。**図2.22**の決定木の例であれば、モデルがクラス分類のために使用した判断根拠として「肺呼吸であるかどうか」「恒温動物であるかどうか」を提示できます。

機械学習をビジネスで活用する場面においては出力結果に対する説明を求められる場合があるため、決定木の高い解釈性・説明性は、予測結果を顧客に説明する際に有用です。

プログラムの実装と実行

データの読み込みと分割

決定木を実装していきます。本節では、scikit-learnに用意されているWineデータセットを使用します。このデータセットはカリフォルニア大学がMachine Learning Repositoryで無料公開している、イタリアの同じ地域で栽培された3種類の品種に由来するワインの化学分析結果です（合計178サンプル）。ワインの品種を推定するための特徴量として各ワインに含まれる13の成分量（**表2.2**）が用意されています。本実装ではscikit-learnのtrain_test_splitメソッドのデフォルト値の割合をそのまま適用し、元データの75%を訓練データ、25%をテストデータに分割して使用します。

▼ 表2.2　Wineデータセットに用意されている特徴量

特徴量	説明
Alcohol	アルコール
Malic acid	リンゴ酸
Ash	灰分
Alcalinity of ash	灰分のアルカリ性
Magnesium	マグネシウム
Total phenols	総フェノール類
Flavanoids	フラバノイド
Nonflavanoid phenols	非フラバノイドフェノール類
Proanthocyanins	プロアントシアニン
Color intensity	色彩強度
Hue	色調
OD280/OD315 of diluted wines	蒸留ワインのOD280/OD315
Proline	プロリン

決定木の実装

まずは、木の最大の深さを制限なし、分割基準にジニ不純度を設定した決定木を構築します（**リスト2.17**）。木の最大の深さはどこまで木を成長させるかを表します。また、分割基準は情報利得の計算に用いる指標を表します。情報利得およびジニ不純度の具体的な計算方法についてはのちほど解説します。まずは、このパラメータ設定で実装してみましょう。

■ リスト2.17 決定木の適用(木の深さの制限なし、分割基準をジニ不純度に設定)

```
# 必要なライブラリのインポート
from sklearn.datasets import load_wine
from sklearn.tree import DecisionTreeClassifier
from sklearn.model_selection import train_test_split

# データセットの準備
wine = load_wine()
X_train, X_test, y_train, y_test= train_test_split(wine.data, wine.target,
                                                    random_state=41)

# 決定木の適用(木の深さの制限なし,分割基準をジニ不純度に設定)
tree = DecisionTreeClassifier(max_depth=None, criterion='gini', random_state=41)
tree.fit(X_train, y_train)

# Accuracyの表示
print(f'Train Accuracy: {tree.score(X_train, y_train):.3f}')
print(f'Test Accuracy: {tree.score(X_test, y_test):.3f}')
```

● 図2.23 リスト2.17の実行結果

```
Train Accuracy: 1.000
Test Accuracy: 0.911
```

図2.23を見ると、テストデータに対して0.911の正解率で分類できる決定木を構築できています。

なお、決定木ではデータセットの準備段階で**特徴量を正規化する必要はありません**。なぜなら、入力データを分割する際に用いられる分割条件は特定の1つの特徴量に着目して作成され、特徴量間のスケールの違いによる影響を受けないからです。

次に、**リスト2.17**で構築した決定木を可視化してみましょう(**リスト2.18**)。構築した決定木はgraphvizで可視化することができます。

■ リスト2.18 構築した決定木の可視化

```
# 必要なライブラリのインポート
import graphviz
```

```
from sklearn.tree import export_graphviz

# Graphviz形式で決定木をエクスポート
dot_data = export_graphviz(tree, out_file=None, impurity=False, filled=True,
                           feature_names=wine.feature_names,
                           class_names=wine.target_names)

# Graphviz形式の決定木を表示
graph = graphviz.Source(dot_data)
graph
```

● 図2.24　リスト2.18の実行結果（リスト2.17で構築した決定木の詳細）

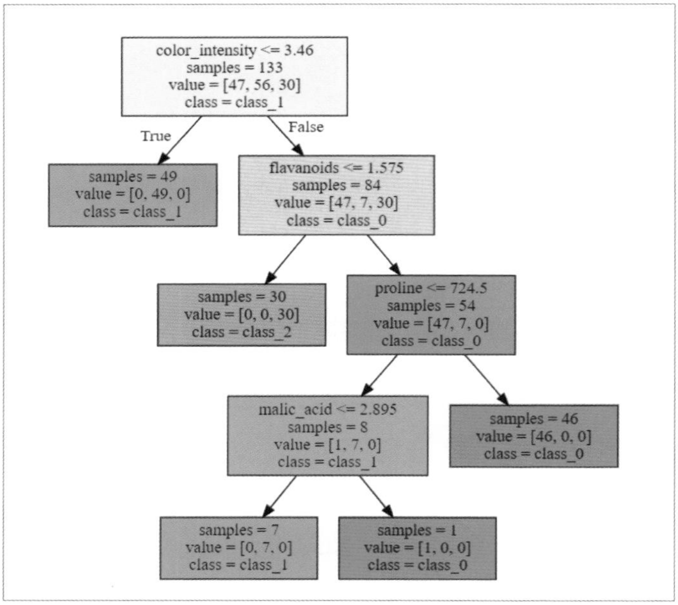

図2.24の決定木を解説します。矩形《くけい》の中に出力されている各値ですが、1行目は判定条件（葉ノードの場合は1行目の判定条件はない）、2行目以降のsamplesは分割の対象となったデータの数、valueは分割対象のデータのクラスごとのサンプル数、classは最もサンプル数が多いクラスを表します。ワインの元となるブドウが3種類だったので、valueは3つの要素を持ちます。このvalueの3つの値を足すとsamplesと同じ数になります。

決定木の根ノードでは特徴量のうちワインの色彩強度（color_intensity）に着目し、その値が3.46以下かを基準に133個の入力データを分割しています。次に、2層目の左側のノードに着目してみます。色彩強度が3.46以下であればすべてのサンプルがクラス1に属する結果（value＝［0, 49, 0］）が得られています。これはノードが**純粋なノード**（ノードのサンプルがすべて同じクラスに属する）になっていることを意味し、終端ノードである葉ノードになります。一方で、2層目の右側のノードは、まだノードが純粋でないためワインのフラバノイド（flavanoids）の値を基準にさらに分割されています。

このように、**決定木は各ノードに属するサンプルがすべて同じにクラスになるまで分割を繰り返して木を深くしていきます**。厳密には、ハイパーパラメータmin_samples_leafの数以下に分割されるまで木を深くします。なお、min_samples_leafのデフォルト値は1になっています。実際に**図2.24**の決定木でもvalueの値がいずれかのクラスに集中するまで分割されています。

純粋な葉ノードが得られるまで根ノードから制限なしに貪欲《どんよく》的に木を成長させていくこのアプローチには注意を払う必要があります。**リスト2.17**で構築した決定木は最大の深さの制限をなしにしていました。これは**図2.24**で示した決定木のように**訓練データに対して純粋なノードができあがるまで**分割を繰り返し、どんどん木を深くしていくことを意味します。つまり、訓練データに対して過剰に適合した複雑な分割ルールを持つ決定木ができあがってしまいます。実際に、**図2.23**を見ると、訓練データに対する正解率が1.000である一方で、テストデータに対する正解率は0.911であり、訓練データに過剰にフィットした過学習に陥っていると考えられます。

木が深くなりすぎて過学習してしまうのを防ぐために、木の最大の深さを3に設定した決定木を構築してみましょう（**リスト2.19**）。なお、木の最大の深さを事前に設定し、その値より深い階層のノードを切り落とすことを**事前枝刈り**と言います［12］。

■ **リスト2.19　決定木の適用（木の深さを3、分割基準をジニ不純度に設定）**

```
# 決定木の適用（木の深さを3, 分割基準をジニ不純度に設定）
tree = DecisionTreeClassifier(max_depth=3, criterion='gini', random_state=41)
tree.fit(X_train, y_train)

# Accuracyの表示
print(f'Train Accuracy: {tree.score(X_train, y_train):.3f}')
print(f'Test Accuracy: {tree.score(X_test, y_test):.3f}')
```

● 図2.25　リスト2.19の実行結果

```
Train Accuracy: 0.992
Test Accuracy: 0.933
```

図2.25を見ると、木の最大の深さの設定により過学習を抑制しテストデータに対する正解率が0.911から0.933に向上しています。

決定木による特徴量の重要度評価

決定木は、訓練データで構築した決定木の構造から、各特徴量の重要度を定量化できます。構築した決定木における特徴量の重要度を可視化してみましょう（**リスト2.20**）。この重要度の計算手法の詳細な解説は省略しますが、各特徴量について、どれだけたくさんのノードで分割条件に使用されたか、そして、その分割でどれだけ効果的にデータを分割できたかから計算されています。

■ リスト2.20　学習した決定木における特徴量の重要度の可視化

```
# 必要なライブラリのインポート
import numpy as np
import matplotlib.pyplot as plt
plt.style.use('seaborn-darkgrid')

# 特徴量の重要度を可視化
n_features = wine.data.shape[1]
plt.title('Feature Importances')
plt.bar(range(n_features), tree.feature_importances_, align='center')
plt.xticks(range(n_features), wine.feature_names, rotation=90)
plt.xlim([-1, X_train.shape[1]])
plt.show()
```

● 図2.26 リスト2.20の実行結果（構築した決定木における特徴量の重要度）

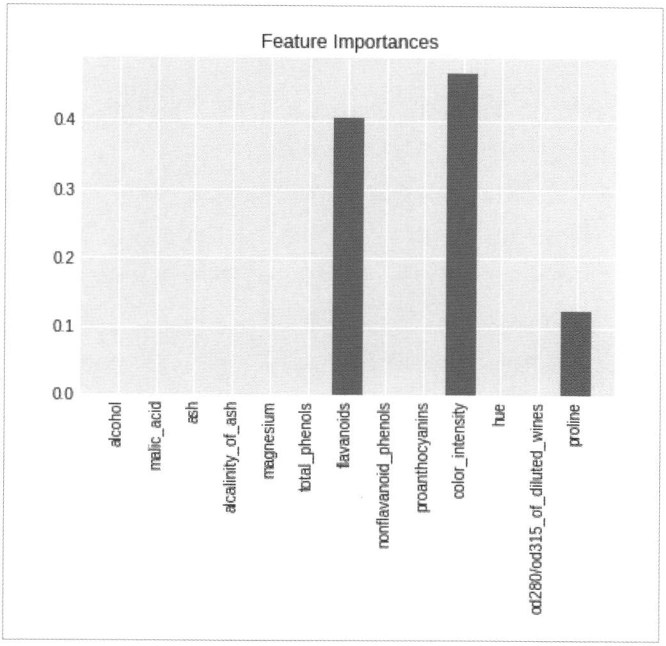

図2.26を見てみると、色彩強度（color_intensity）、フラバノイド（flavanoids）、プロリン（proline）の順に重要度が高いです。

このように、決定木では特徴量の重要度を評価できるため、データの理解にとても有効です。特徴量の重要度はモデルの解釈性を高めるだけでなく、決定木以外の機械学習アルゴリズムを使用する際の特徴量設計にも有効です。手元にあるデータをやみくもに複雑な機械学習モデルに与えるのではなく、事前に決定木を使って重要度の高いまたは低い特徴量を把握して特徴量設計できます。この特徴量評価プロセスを踏むことにより、データに対する理解が深まり、データ分析方針の整理・再検討を早い段階で実施できます[注9]。

注9　難しくなりすぎるため本書では説明を省略しますが、特定の状況下では特徴量重要度の選択にバイアスが生じることもあります。詳細が気になる方は参考文献［22］などを参照してください。

アルゴリズムの詳細な解説（決定木のこころ）

決定木の構築の背後で起きていること、および情報利得の計算方法を解説します。

情報利得とは、親ノードから子ノードへどれだけうまく分割できたかを示す指標です。そして、決定木は情報利得を最大にするような分割条件を選択していきます。これは言い換えると、**分割後の子ノードに含まれるデータのばらつきを最小にすること**になります。データのばらつきは、異なるクラスのサンプルがノードにどれだけ混ざっているかを表す**不純度**として定量化できます（サンプルが特定のクラスに集中するほど不純度の値は小さくなります）。そして、最も高い情報利得は、親ノードの不純度と子ノードの不純度の差を最大にすることで求まります。具体的に情報利得IGを式で表すと**式2.26**になります[注10]。

$$IG(D_p, f) = I(D_p) - \frac{N_{left}}{N_p} I(D_{left}) - \frac{N_{right}}{N_p} I(D_{right}) \tag{2.26}$$

fは分割に用いる特徴量、Iは不純度を出力する関数、D_pは親ノード、D_{left}は左側の子ノード、D_{right}は右側の子ノードをそれぞれ示します。また、N_pは親ノードのサンプル数、N_{left}は左側の子ノードのサンプル数、N_{right}は右側の子ノードのサンプル数です。**式2.26**より、高い情報利得を得るには右辺第２項の左側子ノードの不純度と、右辺第３項の右側子ノードの不純度の値を小さくすればいいことがわかります。

次に、不純度の計算方法について見ていきましょう。不純度を計算するための関数Iには**ジニ不純度**もしくは**交差エントロピー誤差関数**がよく用いられます。まず、ジニ不純度について解説します。ジニ不純度は**式2.27**で計算できます。

$$I_{gini}(t) = \sum_{i=1}^{C} p(i \mid t)(1 - p(i \mid t)) = 1 - \sum_{i=t}^{C} p(i \mid t)^2 \tag{2.27}$$

$p(i \mid t)$はあるノードtにおいてクラスiに属するサンプル数N_iの割合を表します（すなわち、$\frac{N_i}{N_{left}}$もしくは$\frac{N_i}{N_{right}}$）。高い情報利得を得るためには、不純度を小さくする必要がありました。分類されるクラスの不純度が0となるのは、ノードtのサンプルがすべて同じクラスkに属する場合、すなわち$p(i = k \mid t) = 1$のときです。**式2.27**に当てはめて考えてみると、$p(i = k \mid t) = 1$であれば$I_{gini}(t) = 0$となるのがわかります。

一方で、交差エントロピー誤差関数を用いた不純度の計算式は**式2.28**になります。

注10　本節では話を単純にするために、必ず2つのノードに分割する二分決定木を仮定していることに注意してください。なお、二分決定木は組み合わせ探索空間を減らすメリットがあり、scikit-learnを含む多くのライブラリは二分決定木で実装されています（参考文献［23］）。

$$I_{entropy}(t) = -\sum_{i=1}^{C} p(i \mid t)\log_2 p(i \mid t) \qquad (2.28)$$

ジニ係数と同様に、$p(i \mid t)$はあるノードtにおいてクラスiに属するサンプル数の割合を表しています。交差エントロピー誤差関数を用いて計算した値は**エントロピー**と呼ばれます。高い情報利得を得るためにはエントロピーを0に近づけるのが目標になります。なお、エントロピーが0になるのは$p(i=k \mid t)=1$となるクラスkがある場合です。つまり、エントロピーが0になるのはノードのサンプルがすべて同じクラスに属する場合にあたり、これは不純度を0にするのと等価になります。

ジニ不純度とエントロピーはともに$p(i \mid t)$を用いて値が算出されているため、まずまず似た結果が得られます。そのため、ジニ不純度とエントロピーで条件を変えてモデルを試行錯誤するよりも、まずは最適な決定木の深さを探索することに時間をかけることをおすすめします。

ここまでに解説した決定木の流れをまとめると**図2.27**になります。

● 図2.27　決定木の流れ

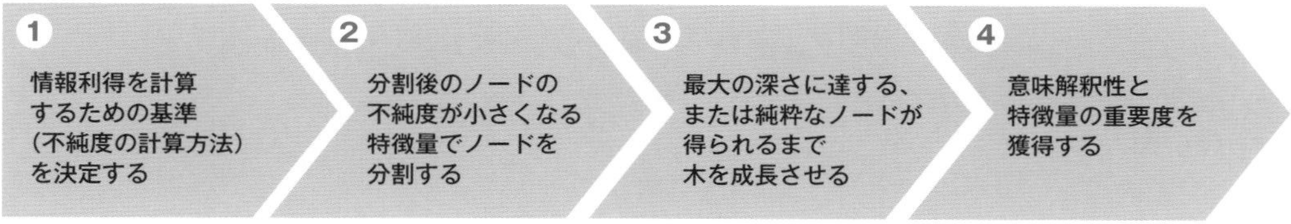

終わりに

ジニ不純度やエントロピーの概念は少し難しいですが、決定木というのは非常に単純に条件分岐を繰り返しているだけであることを理解していただければと思います。決定木は次節で紹介するランダムフォレストや第４章で紹介する勾配ブースティング決定木などのベースとなる基礎知識です。ぜひしっかりと理解しておきたいアルゴリズムとなります。

2.7 ランダムフォレストによるクラス分類

本節ではクラス分類を扱うアルゴリズムの4つめとして**ランダムフォレスト**を紹介します。ランダムフォレストは2.6節で紹介した決定木をベースにした応用手法です。決定木が持つモデルの解釈性が高い構造を取り入れつつ、かつ、決定木に比べて高い性能が出やすいアルゴリズムです。

本節を読み終えた際に整理・定着させておきたい点は次の3点です。

- scikit-learnを用いてランダムフォレストを実装できる
- ランダムフォレストは決定木を複数作成し、各決定木の出力の多数決で分類結果を決める手法である
- ランダムフォレストは2つのランダム性（データ抽出のランダム性と特徴量抽出のランダム性）を取り入れている

アルゴリズムの基本的な流れ、概要

決定木を応用したモデルであるランダムフォレストで実現したい処理を解説します。ランダムフォレストは**アンサンブル手法**の1つとなります。アンサンブル手法とは、複数の学習モデルを組み合わせてより強力な学習モデルを構築するアプローチです（**図2.28**）。アンサンブル手法には**バギング**や**ブースティング**などいくつか手法があり、ランダムフォレストはバギングの一種にあたります。ブースティングについては第4章で詳しく解説します。本節では、アンサンブル手法とは複数のモデルを組み合わせてお互いの欠点を補い合う1つの強いモデルを作成する方法であると覚えておいてください。複数の決定木を組み合わせて精度が高くかつ過学習しにくい1つの強いモデルを構築するのがランダムフォレストで実現したいことになります。

● 図2.28 ランダムフォレスト（バギング）のアプローチ

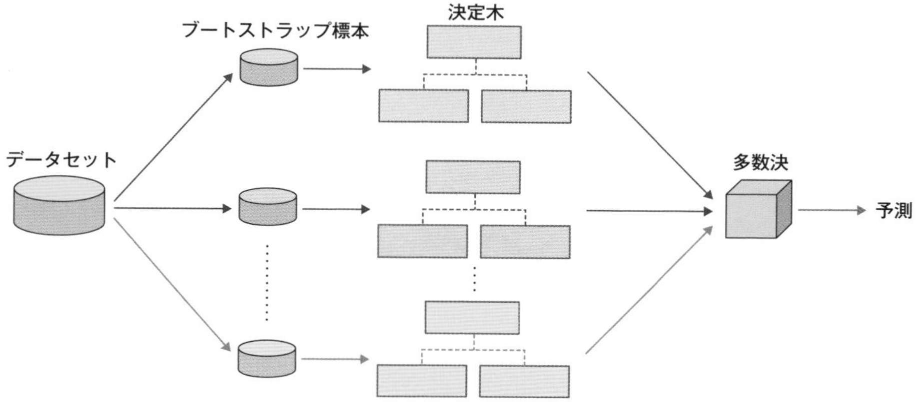

プログラムの実装と実行

データの読み込みと分割

ランダムフォレストを実装していきます。本節では2.6節の決定木で使用したWineデータセットを引き続き扱います。Google Colaboratoryで新しいノートブックを作成した場合は、必要なライブラリのインポートやデータセットの読み込みを実行してください（**リスト2.17**）。

ランダムフォレストの実装

7種類の決定木を構築するランダムフォレストを実装してみましょう（**リスト2.21**）。各決定木の最大の深さは3、各ノードの分割時に考慮できる特徴量の最大数は3、分割基準はジニ不純度に設定します。なおデフォルトの場合、特徴量の最大数は全特徴量数の平方根が設定されます。

■ リスト2.21 ランダムフォレストの適用

```
# ランダムフォレストをインポート
from sklearn.ensemble import RandomForestClassifier

# ランダムフォレストの適用（決定木の数を7、特徴量の数を3、分割基準をジニ不純度に設定）
forest = RandomForestClassifier(n_estimators=7, max_features=3, max_depth=3,
                                criterion='gini', random_state=41)
```

```
forest.fit(X_train, y_train)

# Accuracyの表示
print(f'Train Accuracy: {forest.score(X_train, y_train):.3f}')
print(f'Test Accuracy: {forest.score(X_test, y_test):.3f}')
```

● 図2.29　リスト2.21の実行結果

```
Train Accuracy: 0.992
Test Accuracy: 0.978
```

図2.29を見ると、訓練データに対する過学習を抑制しながら、テストデータに対して高い正解率0.978を得られています。前節の決定木のテストデータに対する正解率0.933（**図2.25**）よりも良い結果になっています。

なお、ランダムフォレストは複数の決定木を組み合わせたモデルであるため、決定木に比べてモデルの解釈性は低下します。しかし決定木と同様に、特徴量の重要度を定量化できるためモデルの予測結果に対してどの特徴量が効いているかについては求めることができます（**リスト2.22**および**図2.30**）。その求め方の概要も決定木と同じです。作成した複数の決定木のそれぞれにおいて、各特徴量について、どれだけたくさんのノードで分割条件に使用されたか、そして、その分割でどれだけ効果的にデータを分割できたか計算し、それを全決定木分考慮して最終的にランダムフォレストでの特徴量の重要性として計算されています。

■ リスト2.22　学習したランダムフォレストにおける特徴量の重要度の可視化

```
# 特徴量の重要度を可視化
import matplotlib.pyplot as plt
plt.style.use('seaborn-darkgrid')

n_features = wine.data.shape[1]
plt.title('Feature Importances')
plt.bar(range(n_features), forest.feature_importances_, align='center')
plt.xticks(range(n_features), wine.feature_names, rotation=90)
plt.xlim([-1, X_train.shape[1]])
plt.show()
```

● 図2.30 リスト2.22の実行結果（構築したランダムフォレストにおける特徴量の重要度）

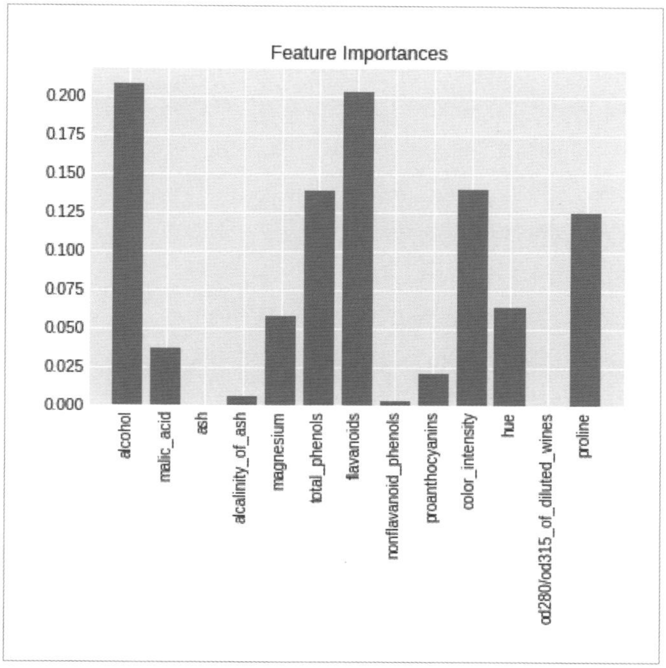

のちほど解説しますが、ランダムフォレストではランダム性を持ちながら決定木を複数個作成します。その性質により、**図2.30**を見ると、**図2.26**に比べて多くの特徴量が予測結果に寄与しています。ですが、アルコール（alcohol）、フラバノイド（flavanoids）、総フェノール類（total_phenols）、色彩強度（color_intensity）、プロリン（proline）あたりがとくに重要な特徴量であることがわかりました。

アルゴリズムの詳細な解説（ランダムフォレストのこころ）

ランダムフォレストの訓練時に、その背後で起きていることを解説します。ランダムフォレストは、複数の決定木を組み合わせたアンサンブルモデルです。通常の決定木は、訓練データに対して情報利得が最大になる分割条件を選択して木を成長させていくため、訓練データに過学習しやすい傾向にあります。この問題に対処するために、ランダムフォレストでは**2つのランダム性**を取り入れます。

1つめは**データのランダム性**です。複数の決定木において、学習に使用するデータは元データからランダムに抽出し、決定木ごとに使用するデータが異なるようにします。この際使用する抽出方法は**復元抽出**と呼ばれます。復元抽出とは重複を許す抽出方法です（複数回の抽出試行において同じデータが混ざっても良い）。この操作によって作成されたデータセットを**ブートストラップ標本**と言います。訓練データのランダム性により、過学習を防ぎやすくなります。なお、scikit-learnを含む多くの実装でブートストラップ標本のサイズは訓練データのサンプル数と一致するように選択されます。

２つめは**ノード分割に使用する特徴量のランダム性**です。通常の決定木ではデータの特徴量すべてを使用して最も情報利得の高い分割条件を作成しました。ランダムフォレストではノード分割時に全特徴量を使用するのではなく、特徴量の一部をランダム抽出し、抽出した特徴量のみを考慮して最も情報利得の高い分割条件を作成します。この際使用する抽出方法は**非復元抽出**です。非復元抽出は復元抽出とは異なり、重複を許さない抽出方法です。scikit-learnのRandomForestClassifierではmax_featuresというパラメータが用意されており、この値を設定することで１つの決定木が使用できる特徴量の最大数を制御できます。max_featuresの値を大きくすると似たような決定木が複数作成され、逆に小さくすると大きく異なる決定木が複数作成されます。デフォルトではmax_featuresの値には特徴量の数の平方根が設定されます。

ランダムフォレストで作成される各決定木は、ノード分割時に一部の特徴量しか考慮しないため、ひとつひとつの決定木のみを考えると識別精度は通常の決定木よりも下がります。しかし、識別精度が下がった複数の決定木（それぞれを**弱識別器**と呼びます）を総合的に考えると、最終的な識別精度が上がるのがランダムフォレストの特徴です。

そして最後に、データを分類する際には、複数の決定木に対する予測結果の多数決をとります。クラス分類におけるランダムフォレストの多数決の取り方は単純で、最も多く割り当てられたクラスを最終的な予測結果として採用します（厳密には各決定木でのそのクラスの確率というものを最終ノードでのそのクラスの割合で計算し、その確率を重みとして考慮した多数決です。詳細はscikit-learnのRandomForestClassifierのpredict関数の説明をご覧ください）。

終わりに（ランダムフォレストの使用上の注意）

ランダムフォレストはまずまずの性能が出るうえに特徴量の重要性も出せるため、非常に有用な機械学習アルゴリズムです。著者らも頻繁に使用します。ただし、ランダムフォレストの使用時には注意点が２つほどあるのでお知らせします。

1つめは多重共線性を排除しておくことです。多重共線性とは特徴量同士で相関が強すぎる状態を意味します。とある変数のペアにおいて相関値0.95以上あたりが目安になります。その場合はどちらかの特徴量を削除して、ランダムフォレストやその他の機械学習アルゴリズムには使用しません。ランダムフォレストの場合は特徴量の重要性を求められますが、多重共線性を放置していると、相関の強いどちらの変数で条件分岐を作成しても良いモデルになるため、特徴量の重要度が2つの変数に分散してしまいます。すると、本当に重要な特徴量を見過ごすことにつながるので、機械学習全般、とくにランダムフォレストなどの木系のアルゴリズムの場合は多重共線性に気をつけ、相関が強すぎる変数は片方を削除します。

2つめは過学習についてです。本書でもこれまで過学習という言葉を使用していますが、過学習に対する厳密な数理的定義はありません。著者らはランダムフォレストの場合、深さパラメータ（max_depth）を変化させて、訓練データ、検証データで性能を確認し、最適なランダムフォレストモデルを構築することが多いです。

その際に、どう過学習と判断するかですが、基本的には深さが深い状態からはじめ、訓練データと検証データの正解率の差がある程度まで小さくなるところまで、深さを浅くしていきます（max_depthを徐々に小さくしていきます）。この状態からさらにmax_depthを小さくし、深さを浅くすると、正解率の差はあまり変わらないのに、訓練データも検証データもそれぞれ正解率が悪くなっていきます。このあたりのバランスを見て、ランダムフォレストで過学習ではない最適なハイパーパラメータを探ります。

基本的には検証データで一番性能が良かったらそれで良いとも考えられるのが一般的です。ですが、たとえば、

(A) 検証データで一番性能が良いが、訓練データとの性能差があまりに大きいモデル
(B) 検証データでの性能はまずまずで、訓練データとの性能差がそれほど大きくないモデル

の2つがあった場合には、そもそも訓練データや検証データが十分に足りているのかなどを検討する必要があります（とくに検証データの数が少ないと（A）と（B）が同時に発生しやすいです）。

以上、ランダムフォレストについて紹介しました。

2.8 Naive Bayesによるテキストデータの分類

本章の最後に、教師あり学習のクラス分類の一種である**テキストデータの分類**について解説します。2.4節〜2.7節で紹介してきた分類アルゴリズムではすべて数値データ（テーブルデータもしくは表形式データと呼ぶ）を扱っていました。本節ではテキストデータの分類を実現する**Naive Bayes**（ナイーブ・ベイズ）を紹介します。

本節を読み終えた際に整理・定着させておきたい点は次の3点です。

- scikit-learnを用いてNaive Bayesを実装し、テキストデータを分類できる
- 機械学習モデルで扱うためにテキストデータは数値データに置き換える
- Naive Bayesではテキストデータが与えられたもとでの各カテゴリにそのテキストデータが属する確率を計算している

アルゴリズムの基本的な流れ、概要

Naive Bayesを用いて実現したい処理を解説します。本節では、Naive Bayesを用いてテキストデータ（ニュース記事）を最も適したカテゴリ（スポーツ記事や政治記事など）に分類するのが目標になります（**図2.31**）。

テキストデータのカテゴリ分類にはクラスタリングなどの教師なし学習が用いられる場合もありますが、Naive Bayesは各テキストデータにカテゴリを表すラベルが事前に付与されているデータセットを扱う、教師あり学習の分類問題となります。

なお、Naive Bayesのアルゴリズムの理解が本記事の主題であるため、形態素解析と呼ばれる前処理などが必要となる日本語テキストデータではなく、英語のテキストデータを扱います。形態素解析などの詳細が気になる方は参考文献[24]などを参照してください。

本節ではまず、機械学習モデルを適用するためにテキストデータを数値データに置き換える手法を解説します。その後、置き換えた数値データに対してNaive Bayesを適用し、テキスト分類器を作成します。最後にNaive Bayesのアルゴリズムを解説します。

● 図2.31 Naive Bayesで実現したい処理の例

ニュース記事を最も適切なカテゴリに分類する。

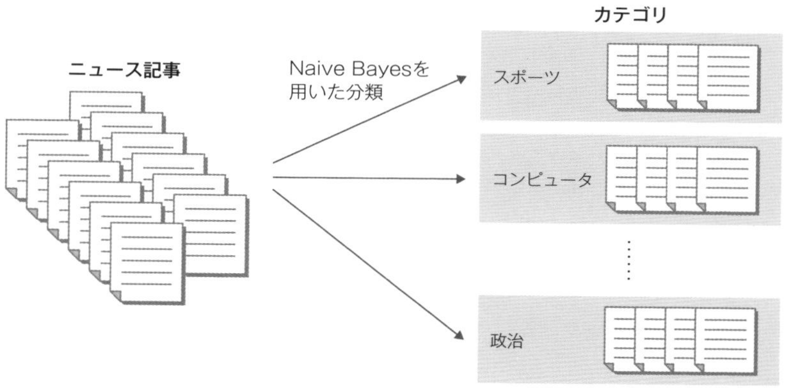

プログラムの実装と実行

データの読み込みと分割

Naive Bayesを実装していきます。テキストデータは文字列情報で構成されているため、そのまま機械学習モデルの入力データに使用できません。そのため、まずはテキストデータを数値データに置き換える手法を実装する必要があります。

今回使用するデータセットはscikit-learnに用意されているfetch_20newsgroupsデータです。このデータセットには18,846件のニュース記事が含まれており、各記事は20種類あるカテゴリのいずれかに割り当てられています。データを読み込み、詳細な情報を確認してみましょう（**リスト2.23**）。20種類のカテゴリ名（target_names）があり、データの中身（data）がテキストデータでその記事に対してカテゴリラベル（target）が振られています（**図2.32**）。

■ リスト2.23 データの読み込みと表示

```
# 必要なライブラリのインポート
from sklearn.datasets import fetch_20newsgroups
from pprint import pprint

# データセットの読み込み
train_set = fetch_20newsgroups(subset='train', random_state=42)
test_set = fetch_20newsgroups(subset='test', random_state=42)
```

```
# 訓練データとテストデータの準備
X_train = train_set.data
y_train = train_set.target
X_test = test_set.data
y_test = test_set.target

# 20種類のカテゴリ名・1番目の記事内容とカテゴリラベルの表示
print('カテゴリ一覧')
pprint(train_set.target_names)
print('¥n')
print('記事その1')
print(f'News Script:¥n{X_train[0]}')
print('記事その1のカテゴリ')
print(f'Text Category label: {y_train[0]}')
```

● 図2.32　リスト2.23の実行結果
カテゴリ名と1番目の記事の内容とそのラベルを表示している。

```
カテゴリ一覧
['alt.atheism',
 'comp.graphics',
 'comp.os.ms-windows.misc',
 'comp.sys.ibm.pc.hardware',
 'comp.sys.mac.hardware',
 'comp.windows.x',
 'misc.forsale',
 'rec.autos',
 'rec.motorcycles',
 'rec.sport.baseball',
 'rec.sport.hockey',
 'sci.crypt',
 'sci.electronics',
 'sci.med',
 'sci.space',
 'soc.religion.christian',
 'talk.politics.guns',
 'talk.politics.mideast',
 'talk.politics.misc',
 'talk.religion.misc']
```

```
記事その1
News Script:
From: lerxst@wam.umd.edu (where's my thing)
Subject: WHAT car is this!?
Nntp-Posting-Host: rac3.wam.umd.edu
Organization: University of Maryland, College Park
Lines: 15

 I was wondering if anyone out there could enlighten me on this car I saw
the other day. It was a 2-door sports car, looked to be from the late 60s/
early 70s. It was called a Bricklin. The doors were really small. In addition,
the front bumper was separate from the rest of the body. This is
all I know. If anyone can tellme a model name, engine specs, years
of production, where this car is made, history, or whatever info you
have on this funky looking car, please e-mail.

Thanks,
- IL
   ---- brought to you by your neighborhood Lerxst ----

記事その1のカテゴリ
Text Category label: 7
```

リスト2.23で表示させたデータの中身は文字列で表現されるテキストデータです。データが文字列のままでは機械学習モデルの入力データとして扱えません。そこで、各単語（文字列）を数値に置き換えます。

Bag-of-words表現の概要と実装

テキストデータ中の単語を数値に置き換える**Bag-of-words表現**について解説します（これ以降ではBoW表現と記載します）。BoW表現ではテキストデータを**そのテキスト中に出現するすべての単語を集めたもの**として考えます。**単語が出現する位置や順序、単語間の関係性などはすべて無視します**。この考え方は名前のとおり、テキスト中の文章を単語単位でばらばらに分解して1つのカバンに詰め込む様子に例えられます。

テキストに複数回出現する単語はすべて同じものとみなし、出現回数をカウントします。たとえば、“This is an apple. I eat this apple.”という例文の場合、(this, is, an, apple, I, eat) = (2, 1, 1, 2, 1, 1)と表現されます。

さらに、テキストデータを扱う際には**stop word**という枠組みも用います。stop wordとはテキストのカテゴリを決めるために重要でないと考えられる単語をリスト化したものです。たとえば、英文であれば指示代名詞this, that, it、be動詞is, am, are、冠詞a, anなどがstop wordに含まれます。これらの単語はどの文書にも出現する単語であり、その単語自体はテキストのカテゴリ分類には不必要な情報と考えられます。そのため、不要な単語を事前にリスト化しておき、BoW表現に直すテキスト集合からあらかじめ除去します。先ほどの例文であれば、(this, is, an, I)をstop wordにすると(apple, eat) = (2, 1)の単語情報だけを入力データとして扱います。

stop wordのリストは独自で作ってもかまいませんし、公開されているものを転用してもかまいません。本節の実装ではscikit-learnで用意されているものを扱います。また、場合によっては使用する文書データの多くで出現する単語や逆にほんの一部のデータでしか出現しない単語も、分類には役立たない単語であると判断してstop wordとすることがあります。

リスト2.23で準備したデータをBoW表現に変換し、stop wordを取り除いてみましょう(**リスト2.24**)。scikit-learnでは、CountVectorizerを用いれば、テキストデータをBoW表現のベクトルに変換できます。また、CountVectorizerには、引数stop_wordsが用意されています。今回は英語のテキストデータを扱っているため、`stop_words='english'`と指定して、sickit-learnで用意された英語テキスト用のstop wordリストを使用します。このリストには、たとえば“about”、“etc”、“for”などの単語が含まれており全部で318語あります[注11]。

■ リスト2.24 BoW表現への変換

```
# 必要なライブラリのインポート
from sklearn.feature_extraction.text import CountVectorizer

# BoW表現への変換(テキストをベクトル化)
vectorizer = CountVectorizer(stop_words='english')
vectorizer.fit(X_train)
X_train_bow = vectorizer.transform(X_train)
X_test_bow = vectorizer.transform(X_test)
```

注11 https://github.com/scikit-learn/scikit-learn/blob/master/sklearn/feature_extraction/_stop_words.py

```
# 1番目の文書のBoW表現のベクトルを表示
print('(テキスト番号, 単語番号) 出現回数')
print(X_train_bow[0])
print('¥nBoW表現ベクトル')
print(X_train_bow[0].toarray())
```

● 図2.33 リスト2.24のBoW表現への変換の実行結果
各単語の出現回数（0回も含む）を縦に並べるとBoW表現のベクトルになる。

```
(テキスト番号, 単語番号) 出現回数
(0, 4605)    1
(0, 16574)   1
(0, 18299)   1
(0, 26070)   1
(0, 34131)   1
(0, 34943)   1
(0, 35135)   1
(0, 35560)   1
(0, 37378)   1
(0, 37722)   5
 (..略..)
(0, 127721)  1

BoW表現のベクトル
[[0 0 0 ... 0 0 0]]
```

図2.33に示す**リスト2.24**の実行結果を見ると、X_train_bowにはテキスト番号・単語番号・出現回数の情報が格納されています。そして、テキストごとに各単語の出現回数を0回も含めて並べたものが、BoW表現のベクトルになります。BoW表現のベクトルはtoarrayメソッドで表示できます。なお、ベクトルの先頭と終端に対応する単語の出現回数が0回のため**図2.33**の末尾で表示したベクトルは`[[0 0 0 ... 0 0 0]]`となっていますが、たとえば、4605番目の単語に対応する列には、出現回数である1が格納されています[注12]。

ここまでテキストデータを分類するために、数値データに置き換えるBow表現を解

注12 `X_train_bow[0].toarray()[0, 4605]`を実行すると、出現回数である1が表示されます。

説し実装しました。本実装では単語の出現回数を並べたBoW表現を用いましたが、テキストデータをベクトル表現に変換する方法にはそのほかにもTF-IDFなどもあります。詳細が気になる方は参考文献[25]などを参照してください。

Naive Bayesの実装

テキストデータを変換したベクトルに対してNaive Bayesを適用します。scikit-learnのnaive_bayesモジュールにはBernoulliNB、MultinomialNB、GaussianNBの3つのクラスが用意されています。一般的に、BernoulliNBは離散データの2クラス分類、MultinomialNBは離散データの多クラス分類、GaussianNBは連続データのクラス分類にそれぞれ用いられます[注13]。本節では、BoW表現への変換によって離散値のベクトルになったテキストデータの多クラス分類（20種類のカテゴリ分類）が目的であるため、MultinomialNBを適用します（**リスト2.25**）。

■ リスト2.25　MultinomialNBの適用

```
# 必要なライブラリのインポート
from sklearn.naive_bayes import MultinomialNB

# MultinomialNBの適用(alpha=0.4)
mnb = MultinomialNB(alpha=0.4)
mnb.fit(X_train_bow, y_train)

# Accuracyの表示
print(f'Train Accuracy: {mnb.score(X_train_bow, y_train):.3f}')
print(f'Test Accuracy: {mnb.score(X_test_bow, y_test):.3f}')
```

● 図2.34　リスト2.25のMultinomialNBの実行結果

```
Train Accuracy: 0.951
Test Accuracy: 0.811
```

図2.34を見ると、訓練データに対するAccuracyが0.951であるのに対し、テストデータに対するAccuracyが0.811となっています。少し過学習気味ではありますが、テストデータに対しても80%以上の正解率で分類できています。

注13　各手法の具体的な違いについて気になる方は、参考文献[26]などを参照してください。

Naive Bayesで使用するおもなハイパーパラメータはalphaです。このalphaの役割については、のちほど解説します。まずはalphaを変化させたときのモデルの振る舞いを直感的に理解するために、alphaの値を極端に増減させるとどうなるか実験してみましょう（**リスト2.26**）。

■ リスト2.26 パラメータalphaを極端に増減

```
# MultinomialNBの適用(alpha=0.001)
mnb_small = MultinomialNB(alpha=0.001)
mnb_small.fit(X_train_bow, y_train)

# MultinomialNBの適用(alpha=100)
mnb_large = MultinomialNB(alpha=100)
mnb_large.fit(X_train_bow, y_train)

# Accuracyの表示
print(f'Train Accuracy(alpha=0.001): {mnb_small.score(X_train_bow, y_train):.3f}')
print(f'Test Accuracy(alpha=0.001): {mnb_small.score(X_test_bow, y_test):.3f}')
print(f'Train Accuracy(alpha=100): {mnb_large.score(X_train_bow, y_train):.3f}')
print(f'Test Accuracy(alpha=100): {mnb_large.score(X_test_bow, y_test):.3f}')
```

● 図2.35 リスト2.26の実行結果

alphaを0.4から極端に小さくして0.001にすると、訓練データにより過剰に適合する。一方で、極端に大きくして100にするとモデルの性能が低下している。

```
Train Accuracy(alpha=0.001): 0.988
Test Accuracy(alpha=0.001): 0.799
Train Accuracy(alpha=100): 0.747
Test Accuracy(alpha=100): 0.632
```

リスト2.25の実行結果（**図2.34**）と**リスト2.26**の実行結果（**図2.35**）を比較してみましょう。alphaを0.4から極端に小さくして0.001にすると、訓練データに対する正解率が0.951から0.988に向上し、テストデータに対する正解率が0.811から0.799に低下しています。この結果は、alphaが小さくなればなるほど訓練データに合わせてモデルが複雑になり過学習しやすくなる様子を示しています。

一方で、alphaを0.4から極端に大きくして100にすると、訓練データとテストデータに対する正解率が両方とも大きく低下しています。この結果はalphaが大きくなればなるほどモデルの複雑さが減少し、モデルの性能が低下する様子を示しています。

アルゴリズムの詳細な解説（Naive Bayesのこころ）

Naive Bayesの背後で起きていること、および、ハイパーパラメータalphaの詳細を解説します。Naive Bayesは**ベイズの定理**と呼ばれる確率論における定理を応用したものです。一方で、alphaは**ゼロ頻度問題**という問題を解決するための**スムージング**という手法で使用する値になります。詳細な解説の前に、まずはNaive Bayesにはベイズの定理とスムージングという技術が使用されていることを覚えておいてください。

ベイズの定理

Naive Bayesの土台となるベイズの定理について解説します。ベイズの定理は確率論において最も重要な定理の1つであり一般的に**式2.29**で表されます。

$$p(\theta \mid D) = \frac{p(D \mid \theta)p(\theta)}{p(D)} \tag{2.29}$$

θは**モデルのパラメータ（未知の値）**、Dは**データ（既知の値）**とします。本節の例では、θはテキストデータのカテゴリ（スポーツや政治など）を、DはテキストデータのBoW表現ベクトルを示します。

左辺の$p(\theta \mid D)$はデータDが与えられたもとでのパラメータθが発生する条件付き確率です。**事後確率（データを観測したあとでの未知のパラメータの値が得られる確率）**と呼ばれます。本節の例では、とあるテキストデータDがカテゴリθである確率です。

右辺の$p(D \mid \theta)$はパラメータθを仮定したもとでのデータDが発生する条件付き確率で**尤度（未知のパラメータの値を固定したもとでの既知のデータが得られる確率）**と呼ばれます。本節の例では、とあるテキストデータDがカテゴリθとした場合に、そのようなDが生成される確率です。イメージとしては、“サッカー”や“試合”といった単語が含まれるテキストデータDはカテゴリθがスポーツと仮定したもとでは尤度は大きく、カテゴリθが政治と仮定したもとでは尤度は小さくなります。

また、$p(\theta)$はカテゴリθが発生する確率で**事前確率（データを観測する前に仮定する未知のパラメータの値が得られる確率）**と呼ばれます。本節の例では、訓練データにおける、全テキスト数に対する各カテゴリのテキスト数が占める割合となります。$p(D)$はデータDが発生する確率で**エビデンス（未知のパラメータがとり得るすべての値で平均化した観測データが得られる確率）**を表します。

なお、事後確率$p(\theta \mid D)$と尤度$p(D \mid \theta)$、事前確率$p(\theta)$とエビデンス$p(D)$は見た目が似ているので混乱してしまいがちですが、何が観測される変数で何が未知の変数であるかを整理すれば立場の違いが見えてくるでしょう。

聞きなれない言葉が続きましたが、ベイズの定理の重要な観点を整理すると、**式2.29**を書き換えて、**式2.30**の関係式になります。

$$\text{事後確率} = \frac{\text{尤度} \times \text{事前確率}}{\text{エビデンス}} \propto \text{尤度} \times \text{事前確率} \tag{2.30}$$

ここで、エビデンスは事後確率が正規化されることを保証するための項[注14]（つまり、とあるデータが各カテゴリである確率を足し合わせ、それを全部のデータ分考慮したときに確率が1となるように調整するための調整項）です。そのため、最右辺の項では消去して比例式$\propto$の形に直して使用することが一般的です。

このベイズの定理の関係式から、データを観測したあとの未知の値の確率である「事後確率」は、パラメータを固定したときのデータの当てはまりの良さを表す「尤度」とデータを観測する前に仮定した未知のパラメータの確率を表す「事前確率」の積によって評価できることがわかります。

つまり、ベイズの定理の本質は、未知の値の確率を示す事後確率$p(\theta \mid D)$（とあるテキストデータDがカテゴリθである確率）を直接求めるのは困難なため、計算可能な尤度$p(D \mid \theta)$（とあるテキストデータDがカテゴリθとした場合に、そのようなDが生成される確率）と事前確率$p(\theta)$（訓練データにおける、全テキスト数に対する各カテゴリのテキスト数が占める割合）を用いて事後確率を評価することです。

ベイズの定理のNaive Bayesへの応用

ここまでの話を今回実装したテキスト分類問題に適用して考えてみましょう。**入力される既知の値Dはテキストデータ**になり、**予測したい未知の値θはテキストDが属するカテゴリ**です。**式2.29**の左辺を書き直すと**式2.31**になります。

$$p(\theta \mid D) = p(Category \mid Text) \tag{2.31}$$

この値を計算することにより、テキストデータを入力として与えた（条件付けた）ときのそのテキストが各カテゴリに属する確率がそれぞれ求まります。そして、最も確率が高いカテゴリθがそのテキストデータのカテゴリと求められます。

式2.31を計算するためにベイズの定理を利用すると、$p(Category \mid Text)$は**式2.32**に

注14　エビデンスは正規化を保証するための項である一方で、この値を使って複数のモデルの良し悪しを決定することもあります [15]。

変換できます。

$$p(Category \mid Text) \propto p(Text \mid Category)p(Category) \tag{2.32}$$

そして**式2.32**の右辺を計算すれば事後確率$p(Category \mid Text)$を評価できます。では、尤度$p(Text \mid Category)$と事前確率$p(Category)$はどのように計算するのでしょうか。

まず、$p(Category)$です。$p(Category)$は各カテゴリの出現確率を表します。つまり、訓練データにおける、全テキスト数に対する各カテゴリのテキスト数が占める割合となり、**式2.33**の関係式で表されます。

$$p(Category = c) = \frac{\text{カテゴリ}\,c\,\text{のテキスト数}}{\text{全テキスト数}} \tag{2.33}$$

次に、$p(Text \mid Category)$です。$p(Text \mid Category)$はカテゴリを固定したときに分類対象のテキストが生成される確率を表します。テキストは各単語を出現回数ごとに並べたベクトル（BoW表現）として表現されました。つまり、$p(Text \mid Category)$は**式2.34**に変換されます。

$$p(Text \mid Category) = p(word_1,\ word_2,\ \cdots,\ word_K \mid Category) \tag{2.34}$$

$p(word_1,\ word_2,\ \cdots,\ word_K \mid Category)$はカテゴリが与えられたもとでのテキスト中の単語$word_1$～$word_K$が同時に発生する確率（同時確率）です。

ですがここで、Naive Bayesではテキスト中の単語$word_1$～$word_K$は**「それぞれ独立にテキストに出現する」**と仮定します。独立に出現するとは、**テキスト中の各単語はそれぞれ無関係に出現すると仮定する**ことを表します。たとえば、直感的には“サッカー”と“ゴール”は1つのテキストで共起（一緒に出現）しやすいですが、それらの単語はそれぞれ無関係に出現すると考えます。

なぜ、このような人の直感に合わない仮定を置くのでしょうか。それは単語間の関係性を無視すると計算が簡単になるからです。この大胆な仮定のもとでのベイズ手法なので、Naive Bayes（ナイーブベイズ）と呼ばれます。naïve（ナイーブ）とは日本語では純朴や鈍感という意味で使用しますが、ここでは鈍感という意味でnaïveが使われています。ほかの単語の存在に対して鈍感で、ほかの単語を考慮しないという意味です。この仮定により、**式2.34**の右辺の同時確率は、**各単語の出現確率の積**で表せます。具体的には**式2.35**で表されます。

$$
\begin{aligned}
p(Text \mid Category) &= p(word_1,\ word_2,\ \cdots,\ word_K \mid Category) \\
&= \prod_i p(word_i \mid Category)
\end{aligned}
\tag{2.35}
$$

そして、カテゴリを固定したもとでの各単語の出現確率$p(word_i \mid Category)$は**式2.36**の関係式で計算できます。

$$
p(word_i \mid Category = c) = \frac{\text{訓練データ全体でのカテゴリ} c \text{に属する単語} word_i \text{の出現回数}}{\text{訓練データ全体でのカテゴリ} c \text{に属する全単語の出現回数}} \tag{2.36}
$$

たとえば、カテゴリを3に固定したもとでの単語3の出現確率$p(word_3 \mid Category = 3)$の計算例は**図2.36**になります。ただし、1〜100番目のテキストデータが訓練データ全体で、4・6・100番目のテキストのみがカテゴリ3に属しているとこの説明では仮定します。また、4・6・100番目の各テキストのBoW表現で記述を省略している箇所の単語の出現回数は0とします。このとき、訓練データ全体でのカテゴリ3に属する全単語の出現回数は、**図2.36**の黄色い背景の各単語の出現回数をすべて足し算して7になります（1＋1＋2＋1＋1＋1）。一方で、訓練データ全体でのカテゴリ3に属する単語3の出現回数は矩形で囲んだ箇所をすべて足して2になります。つまり、**図2.36**で示した例の場合、$p(word_3 \mid Category = 3) = 2/7$になります。なお、カテゴリ3の出現確率は$p(Category = 3) = 3/100$になります。

● **図2.36　カテゴリを3に固定したもとでの単語3の出現確率$p(word_3 \mid Category = 3)$の計算例**

1番目のテキスト　[[0 0 0 … 0 0 0]]　……**カテゴリ7**
2番目のテキスト　[[0 0 0 … 0 0 0]]　……**カテゴリ1**
3番目のテキスト　[[0 1 1 … 0 0 0]]　……**カテゴリ13**
4番目のテキスト　[[0 0 1 … 1 0 0]]　……**カテゴリ3**
5番目のテキスト　[[0 0 0 … 1 0 0]]　……**カテゴリ5**
6番目のテキスト　[[2 0 1 … 0 0 0]]　……**カテゴリ3**
⋮　⋮
100番目のテキスト　[[0 0 0 … 1 1 0]]　……**カテゴリ3**

$$
p(word_3 \mid Category = 3) = \frac{\text{訓練データ全体でのカテゴリ3に属する単語} word_3 \text{の出現回数}}{\text{訓練データ全体でのカテゴリ3に属する全単語の出現回数}} = \frac{2}{7}
$$

※7〜99番目のテキストにはカテゴリ3はないとする
※カテゴリ3に属する各テキストで記述を省略している単語の出現回数は0とする

ここまでの解説をまとめるとNaive Bayesでは、テストデータである未知のテキストに対して、次の**式2.37**をカテゴリごとに計算することによって事後確率$p(Category \mid Text)$を評価し、最も事後確率が高いカテゴリに未知のテキストを割り当てます。

$$
\begin{aligned}
&p(Text \mid Category)p(Category)\\
&=\frac{\text{訓練データ全体でのカテゴリ}\,c\,\text{に属する単語}\,word_i\,\text{の出現回数}}{\text{訓練データ全体でのカテゴリ}\,c\,\text{に属する全単語の出現回数}}\times\frac{\text{カテゴリ}\,c\,\text{のテキスト数}}{\text{全テキスト数}}
\end{aligned}
\tag{2.37}
$$

ゼロ頻度問題

最後に、**ゼロ頻度問題**とその問題を解決するための**スムージング**という手法を解説します。ゼロ頻度問題は、テストデータのテキストのカテゴリを予測する際に発生し得る問題です。

具体的には、訓練データでは出現しなかった単語がテストデータのテキストに含まれていた場合に、**あるカテゴリcに単語$word_i$が出現した回数は訓練データでは0になっているので、結果として尤度：$p(word_i \mid Category = c)$の値にゼロが割り当てられてしまいます**。つまり、新しく出現した単語およびテキストデータが生成される確率が常にゼロになってしまいます。

ゼロ頻度問題を回避するために、スムージングという手法が用いられます。スムージングはとてもシンプルな考え方で、各単語の出現回数に定数値を加算して新しく出現した単語に対して確率ゼロが割り当てられるのを回避します。たとえば、各単語の出現回数を1回ずつ増やすと**式2.38**になります。

$$
\begin{aligned}
&p(word_i \mid Category = c)\\
&=\frac{\text{訓練データ全体でのカテゴリ}\,c\,\text{に属する単語}\,word_i\,\text{の出現回数}+\alpha}{\text{訓練データ全体でのカテゴリ}\,c\,\text{に属する全単語の出現回数}+(\alpha\times V)}\\
&=\frac{\text{訓練データ全体でのカテゴリ}\,c\,\text{に属する単語}\,word_i\,\text{の出現回数}+1}{\text{訓練データ全体でのカテゴリ}\,c\,\text{に属する全単語の出現回数}+(1\times V)}
\end{aligned}
\tag{2.38}
$$

ここでVは全単語の種類数（ボキャブラリ）です。そのカテゴリでの単語の種類数ではなく全カテゴリでの全単語の種類数となります。

なお、出現回数に＋1するスムージング手法をとくに**ラプラススムージング**と言います。この操作により確率ゼロが割り当てられなくなります。

そして、ゼロ頻度問題を解決するために加算するこの値が、実装時に解説したパラメータalphaに対応します。つまりalpha＝1がラプラススムージングとなります。

alphaが極端に小さいと加算される値が小さくなるため、スムージングの効果がほとんどなくなり訓練データに対して過剰に適合したモデルになります（ゼロ頻度問題が発生しやすい）。逆に、alphaが極端に大きいとスムージングの効果が強すぎてしまい、モデルの性能が低下します。なお、scikit-learnではalphaのデフォルト値は1です。

終わりに

本節での実装はテキストデータをBoW表現に変換し、不要な単語のフィルタリングにはscikit-learnで用意されたstop wordリストを用いました。テキストデータを扱う場合には、数値データの際のハイパーパラメータの調整と同様に、データ前処理の段階で試行錯誤することも重要です。

たとえば、出現回数の頻度に応じた単語除去などによるstop wordの見直しや、ベクトル表現手法の見直しなどがあります。テキストデータの前処理について理解を深めたい方は参考文献［13］などを参照してください。

以上、本章では教師あり学習の回帰、クラス分類、テキスト分類のそれぞれのタスクを扱う代表的なアルゴリズムを実装・解説しました。次章では教師なし学習について代表的なアルゴリズムを実装・解説します。

CHAPTER

第3章

実装しながら学ぶアルゴリズムのこころ・教師なし学習編

3.1 本章の目的と概要

本章では教師なし学習の代表的なアルゴリズムを解説します。教師なし学習では目的変数となるラベルや数値は用意しません。入力データ（説明変数）のみを使って入力データの背後に隠れているパターン・傾向を学習させ、似ているデータ同士をグルーピングしたり仲間外れのデータを発見したりする手法です。

教師なし学習の代表的タスクには、**次元圧縮**、**クラスタリング**、異常検知があります。本章ではscikit-learnを用いて次元圧縮、クラスタリングを実装します。異常検知については第4章で解説します。また、第2章で登場した正規化やガウス分布についても本章で解説します。

本章の解説の流れは第2章と同様に、各アルゴリズムについて、はじめに「アルゴリズムの基本的な流れ、概要」を説明します。ここでそのアルゴリズムで実現したいことの明確なイメージを持っていただけるように解説します。次に「プログラムの実装と実行」を解説します。使用するデータを準備し、アルゴリズム部分を実装して出力結果を確認します。そして最後に「アルゴリズムの詳細な解説」に移ります。

3.2 主成分分析による次元圧縮

はじめに、教師なし学習のアルゴリズムとして、入力データを**次元圧縮**（次元削減）する機械学習手法を紹介します。次元圧縮とは、入力データの説明変数の数を少なくする変換のことです。できるだけ元の入力データの情報を保ちつつも、少ない説明変数（特徴量）で元のデータの特徴（情報）を説明できるようにデータを変換します。

本節では次元圧縮の中でも最も基本的なアルゴリズムである**主成分分析**（PCA：Principal Component Analysis）について解説します。主成分分析の解説では難しい言葉や数式が多く出てきますが、本節を理解すると「機械学習に必要な線形代数の知識はほぼマスターした」と言える、重要な内容となります。本節は、最初の1回目は広く浅く全体像を理解する目的で読み、2回目に読むときにはより深く理解しながら読むなど、読者のみなさんの事前知識に応じた読み方をおすすめします。

本節を読み終えた際に整理・定着させておきたい点は次の3点です。

- scikit-learnを用いて主成分分析を実装できる
- 次元圧縮の目的はデータの可視化および機械学習の性能向上である
- 主成分分析のアルゴリズムは線形代数の固有値分解をベースとしている

アルゴリズムの基本的な流れ、概要

主成分分析によって実現したい処理の概要を解説します。たとえば、300人分の身長と体重のデータがあったとします。このデータは2変数ですが、身長と体重の2つの変数の間には**相関**があります。

相関には正の相関と負の相関があります。片方の変数が大きいとき、もう片方の変数も大きくなる傾向があることを「正の相関がある」と呼びます（逆に片方の変数が大きいとき、もう片方の変数が小さくなる場合は負の相関があると呼びます）。身長と体重の場合、身長が高ければ体重もおおよそ重いことを私たちは知っています。つまり、

「身長という変数は体重についての情報も持っている」と言えます。

一方で、相関がない変数の例としては、緯度と経度が挙げられます。私たちは緯度を知っても経度については何も知ることができません（厳密には北極点と南極点を除く）。

身長と体重のデータに着目したとき、わざわざ2つの変数を用意しましたが、この2つの変数の間に相関があって情報を持ち合っていると、なんだかもったいない気がします。それなら1変数で表せないだろうか？と考えられます。実際にたとえば洋服を選ぶ際には、S、M、Lなどの1変数で、身体の大きさの情報が表現できています。

相関があるともったいない現象は多次元データ（特徴量が多いデータ）の場合に顕著です。たとえば、100次元のデータがあったときに、100変数のそれぞれの変数の間に相関があり情報を持ち合っていると、「100変数も用意しなくても、もっと少ない変数で同じデータを表現できるのでは？」と疑問を感じます。

そこで、**データの各変数の間の相関をなくすように「変数変換」する操作**を実現したいです。そして、この操作こそが**主成分分析**となります

身長と体重の場合であれば、「体格」と「体型」という、相関しない変数に置き換えられます。体格とは大柄（身長が高く体重は重い）や、小柄（身長が低く体重は軽い）を表し、体型とは肥満型（身長が低いわりに体重は重い）や、やせ型（身長が高いわりに体重は軽い）を表します。体格と体型の間には「大柄の人は肥満型の傾向にある」などの相関はありません。

主成分分析では、変数変換のあとに変数を削減する場合が多いです。身長と体重の例であれば、「体格」の変数だけを残して、「体型」は削除します。この場合「体格」とは身体の大きさの情報であり、洋服のサイズのS、M、Lなどを決める参考データになります。

変数を削減すると元のデータよりも情報が減ってしまいますが、主成分分析で変換したあとの変数のうち、元のデータの情報を多く持っている変数を優先的に残すことで元のデータの情報を欠落しにくくします。たとえば、身長と体重からその人が子供か大人かを予測したいと仮定します。この場合、身長と体重という2変数がなくても、主成分分析で変換したあとの「体格」という変数が1つあれば、おおまかにその人が子供か大人かの予想がつきます。

主成分分析の2つの使用目的

実装に入る前に主成分分析の使用目的を紹介します。主成分分析はデータの変数を相関のない変数へと変換し、そのうち重要な変数のみを残してデータの次元を圧縮します。主成分分析を使用する目的は2つあります。**可視化**と**機械学習の性能向上**です。

可視化について説明します。たとえば100次元のデータがあった場合、データの傾向を人が把握するためのグラフを描画することは困難です。データを視覚的に把握できるのは2次元、良くて3次元データが限界です。そのため100次元のデータを可視化するには低次元に次元圧縮する必要があります。そこで主成分分析の出番となります。100次元のデータに対して主成分分析を実施して相関のない100変数にしたあとに、重要な2つの変数のみを取り出してグラフに描画します。100次元の元データを2変数で表すので完全に元のデータを再現できるわけではありませんが、おおまかにその傾向をとらえることができます。

次に、機械学習の性能向上について説明します。この内容は少々難しい話となります。データの次元数が増えると、機械学習のさまざまなアルゴリズムの性能が低下します。この現象を**次元の呪い**と呼びます。次元の呪いで性能が低下するのには2つの理由があります。

1つめは、必要なデータ数が増えるためです。次元が多ければ多いほど特徴量（説明変数）の数が多いことになるので、機械学習で性能の良いモデルを構築するには、訓練に必要なデータ数も増えます。主成分分析で次元圧縮しデータの次元を削減すれば、特徴量（説明変数）の数が減り、同じデータ数でも機械学習の性能を高められます。

2つめは、**球面集中化現象**が発生するためです。この内容は難しいため、初学者の方はまずはイメージのみをつかんでください（詳細な理解は、あとからでも遅くありません）。

各次元で「原点から距離1に含まれる領域」と「原点から距離0.9に含まれる領域」の比率を考えてみます。今回、データは－1～1の範囲にあるとします。

たとえば、1次元の場合、距離1に含まれる領域が－1から1であるのに対して、距離0.9に含まれる領域は－0.9から0.9です。領域の比率は90%になります。

同様に2次元を考えてみます。原点を中心に長さ1の円と長さ0.9の円を考えます。その面積の比率は、$(0.9 \times 0.9 \times 3.14) / (1.0 \times 1.0 \times 3.14) \fallingdotseq 0.81$です。原点から0.9の距離に含まれる領域は、距離1の領域の81%となります。領域の比率が1次元の場合は90%でしたが、2次元になると81%に減少しました。

このように次元が増えると、データが原点から0.9の距離範囲に占める割合がどんどん小さくなります。逆に原点から遠い、データが0.9～1の範囲に存在する割合がどんどん大きくなります。これは言い換えると、**高次元データの場合、原点から遠い場所にデータが集まっていると言えます。**この現象を球面集中化現象と呼びます。よくメロンパンにたとえられ、データがメロンパンの中身ではなく皮の部分に集中していると説明されます。

球面集中化現象が起こるとなぜ機械学習の性能が悪くなるのか説明します。たとえば**図3.1**のように、縦軸・横軸を持つ2次元データに対して、球面集中化現象が発生し、データがほとんど外側の円の上に集まっているとします。これらのデータは一定の半径を持つため、原点からの角度だけでそれぞれのデータを表せます。つまり2次元データですが、「角度」という1次元の変数だけで表せます。

● 図3.1　球面集中化現象のデータ例
▲はデータを表す。2次元データだが、「角度」という1次元の変数だけで表現可能。

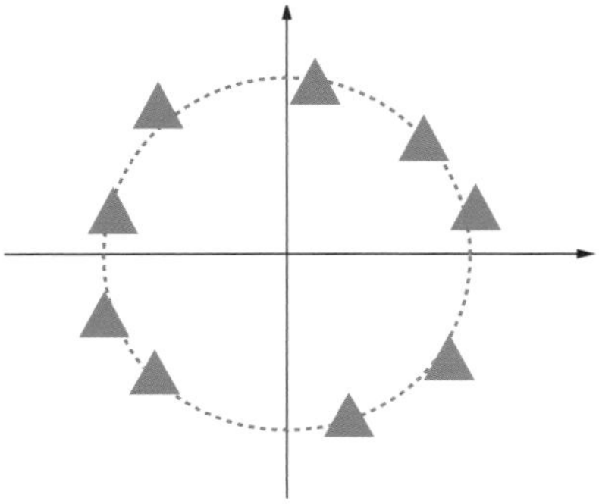

このように多次元データで球面集中化現象が発生すると、少ない次元でデータを表現できるので、データの相関行列などのランクが落ちます。行列のランクとは線形代数の用語です。ここではおおまかに、そのデータを表すのに何次元の要素が必要かを表していると考えてください。そして、ランクが実際のデータの次元よりも少ない場合や少なくなりかけている場合には、行列の演算が不安定になりやすくなります。行列演算が不安定になった結果、機械学習の性能が不安定になったり、低下しやすくなったりします（その他、データ間距離などにも影響がありますが、難しくなりすぎるので本書では割愛します）。

以上説明した2つの理由により次元の呪いが発生し、機械学習の性能が下がるのを避けるために、主成分分析でデータの次元を削減します。

プログラムの実装と実行

データの準備

主成分分析を実装していきます。本節では身長と体重の疑似データに対して主成分分析を実装します。まず、身長と体重の疑似データを作成します。**リスト3.1**を実行すると**図3.2**のグラフが描画されます。

■ リスト3.1 身長と体重の模擬データを作成する（x軸：身長、y軸：体重）

```
# 必要なライブラリのインポート
import numpy as np
import matplotlib.pyplot as plt
plt.style.use('seaborn-darkgrid')

# 乱数のシードを固定
np.random.seed(0)

# 2次元の正規分布で模擬データ300人分を作成
mean = [165, 60]  # 身長、体重の平均値
cov = [[15, 20], [20, 10]]  # 分散共分散行列
X = np.random.multivariate_normal(mean, cov, 300)  # 2次元データ生成

# グラフを描画
plt.figure(figsize=(6, 6))
plt.scatter(X.T[0], X.T[1], marker='^')
plt.xlim(150, 180)
plt.ylim(45, 75)
plt.xlabel("height")
plt.ylabel("weight")
plt.show()
```

● 図3.2 身長と体重の模擬データの様子

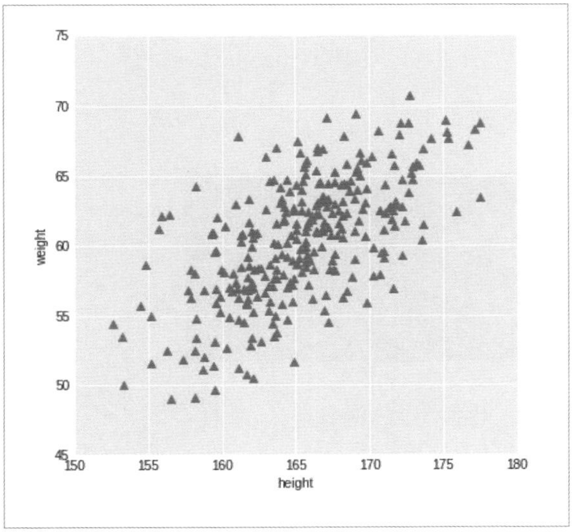

主成分分析の実装

データの準備ができたので、scikit-learnの関数を使用して主成分分析を適用し、結果を出力します（**リスト3.2**）。主成分分析を行う前にデータを標準化します。標準化は正規化の手法の1つです[27]。標準化も含めた正規化手法の詳細は3.3節で解説します。

■ リスト3.2　主成分分析の適用

```
# 必要なライブラリのインポート
from sklearn import preprocessing, decomposition

# データの正規化
sc = preprocessing.StandardScaler()
sc.fit(X)
X_std = sc.transform(X)

# 主成分分析実施
pca = decomposition.PCA(random_state=0)
pca.fit(X_std)  # PCAの計算
X_pca = pca.transform(X_std)  # PCAをX_stdに実施

# 主成分分析の結果を見る
print("主成分の分散説明率")
print(pca.explained_variance_ratio_)

print("固有ベクトル")
print(pca.components_)
```

● 図3.3　リスト3.2の実行結果

```
主成分の分散説明率
[0.81346872 0.18653128]
固有ベクトル
[[-0.70710678 -0.70710678]
 [-0.70710678  0.70710678]]
```

図3.3を見ると、主成分の分散説明率[0.81346872 0.18653128]、固有ベクトル[[-0.70710678 -0.70710678] [-0.70710678 0.70710678]]の出力が得られています。

分散説明率（寄与率とも呼ぶ）は、元の情報の何割を変換後の変数が説明できるのか

を示します。今回の場合、約8割の情報を1つめの変数で説明できます。この分散説明率を使用して、データを何変数にまで（何次元にまで）圧縮するのか判断できます。たとえば「元の情報の95%は説明できるだけの変数を残そう」などと判断します。

固有ベクトルは元のデータをどの方向の変数の軸に変換するのかを示す情報です。言葉ではわかりづらいので固有ベクトルをもとの身長・体重のグラフにプロットしてみましょう（**リスト3.3**）。元のグラフに第1主成分の軸がプロットされた**図3.4**が出力されます。第1主成分とは主成分分析で変換した変数の1つめを示します。**図3.4**には新たなfirst_PC_axisという直線の軸が描画されています。つまり、この軸が体格を表す軸となります。また**図3.4**には描画していませんが、first_PC_axis（体格）の軸に対して90度傾いた方向が体型を示す軸になります。

■ リスト3.3　第1主成分の固有ベクトルの軸をプロットする

```
# 第1主成分の軸を描画するために軸上の2点が欲しい
# 平均値に、正規化操作分を戻した固有ベクトルを足す（または引く）
pca_point1 = sc.mean_ - sc.inverse_transform(pca.components_)[0]
pca_point2 = sc.mean_ + sc.inverse_transform(pca.components_)[0]
pca_point = np.c_[pca_point1, pca_point2]  # 点を列方向に足す

# データを描画
plt.figure(figsize=(6, 6))
plt.scatter(X.T[0], X.T[1], marker='^')
plt.plot(pca_point[0], pca_point[1], color='black',
         label='first_PC_axis')
plt.xlim(150, 180)
plt.ylim(45, 75)
plt.xlabel("height")
plt.ylabel("weight")
plt.legend()
plt.show()
```

● 図3.4 身長・体重のデータに第1主成分の軸（体格）をプロット

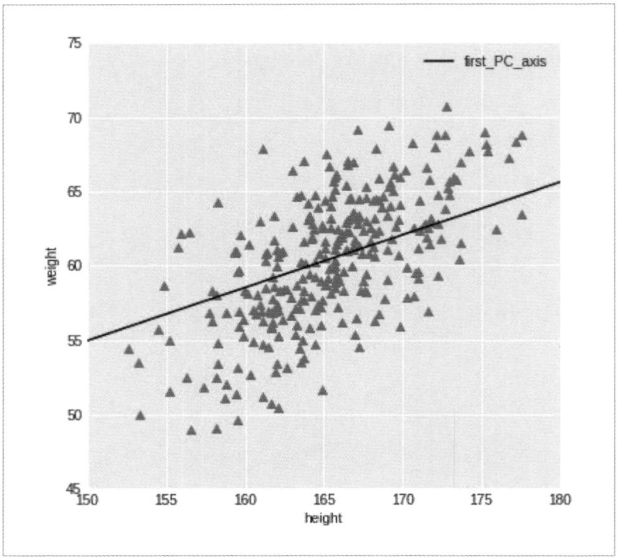

最後に今回の主成分分析の結果を任意のデータに適用してみましょう（**リスト3.4**）。身長160、体重50のデータに主成分分析を実行すると`[[ 2.48793062 -0.88428776]]`という出力が得られ、体格が2.49で、体型が−0.88であるとわかります。そして体格2.49の値だけを使用すれば、次元圧縮したことになります。なお、主成分分析を実施した結果、固有ベクトルの方向は逆向きに出力される場合があり、**リスト3.4**の出力結果の正負が著者の結果と反転する場合があります。

■ リスト3.4 任意のデータにPCAを実施する

```
# とあるデータをPCAする場合
data = (160, 50)
data_std = sc.transform([data])  # 正規化
data_pca = pca.transform(data_std)  # PCA実施
print(data_pca)
```

アルゴリズムの詳細な解説（主成分分析のこころ）

主成分分析の背後で起きていることを解説します。主成分分析は数学の線形代数をベースとしており、本節では数式がたくさん出てきます。機械学習を初めて学ぶ方には大変かもしれませんが、本内容を理解すれば「機械学習に必要な線形代数はほぼマスターした」と言えます。主成分分析が、線形代数の固有値・固有ベクトル・対角化をベースにしていることを感じてください。ここまでの解説と同様に、身長・体重のデータを例にアルゴリズムを解説します。

線形代数に慣れていない方は参考文献 [28] などを片手にチャレンジしてみてください。解説が長くなるため、先に主成分分析の流れを**図 3.5** に示します。

● 図3.5 主成分分析の流れ

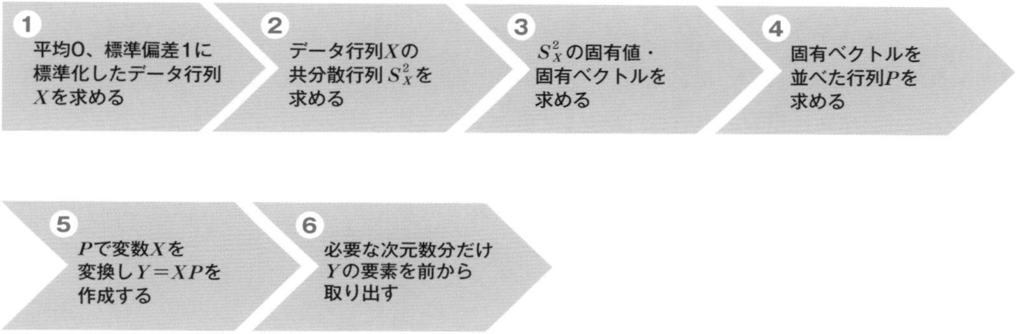

①平均 0、標準偏差 1 に標準化したデータ行列 X を求める

データのうち、i さんの身長の値を d_1^i、体重の値を d_2^i と表すことにします。これらをベクトルでまとめて書くと、$\boldsymbol{d}^i = (d_1^i,\ d_2^i)$ と書けます。今回 $N = 300$ 人のデータがありました。N 人の身長と体重の平均値をそれぞれ $\overline{d_1}$、$\overline{d_2}$ と表すことにします。また、身長と体重の標準偏差をそれぞれ σ_1、σ_2 と表すことにします。そして i さんのデータから平均値を引いて標準偏差で割った値を、$\boldsymbol{x}^i = ((d_1^i - \overline{d_1})/\sigma_1,\ (d_2^i - \overline{d_2})/\sigma_2)$ とします。この操作を標準化と呼び、正規化の一種です。

標準化によりデータの平均が 0、標準偏差が 1 になります。i さんだけでなく全員の標準化したデータを並べたデータ行列 $\boldsymbol{X}$ を考えると**式 3.1** で表されます。

$$\boldsymbol{X} = \begin{pmatrix} \boldsymbol{x}^1 \\ \vdots \\ \boldsymbol{x}^N \end{pmatrix} = (\boldsymbol{x}^1 \quad \cdots \quad \boldsymbol{x}^N)^{\mathrm{T}} \tag{3.1}$$

T は行列の行と列を入れ替える「転置」(Transpose) を意味します。身長・体重の例の場合、データ行列 $\boldsymbol{X}$ は N 行 2 列の行列になります。

②データ行列 X の共分散行列 S_X^2 を求める

共分散行列とは分散と共分散を並べた行列であり、分散共分散行列とも呼ばれます。$\boldsymbol{x}_1$ に関する分散は**式3.2**で表されます。

$$S_{\boldsymbol{x}_1}^2 = \frac{1}{N}\sum_{i=1}^{N}(x_1^i - \overline{x}_1)^2 = \frac{1}{N}\sum_{i=1}^{N}(x_1^i)^2 \tag{3.2}$$

$\boldsymbol{x}$ は①で標準化しているので、$\overline{\boldsymbol{x}}_1 = 0$ です。

$\boldsymbol{x}_1$ に関する分散 $S_{\boldsymbol{x}_1}^2$ は $\boldsymbol{x}_1$ が平均値0からどれくらい散らばっているかを示す値となります。分散が大きいと平均値からたくさんばらついており、逆に分散が小さいと平均値付近にギュッと集まっています。$\boldsymbol{x}_2$ の分散も同様に $S_{\boldsymbol{x}_2}^2$ で表されます。ただし、今回の場合は標準化しているので、$S_{\boldsymbol{x}_1}^2 = S_{\boldsymbol{x}_2}^2 = 1$ となっています。次に $\boldsymbol{x}_1$ と $\boldsymbol{x}_2$ の共分散を考えます。共分散とは相関に比例する値です。共分散が大きい場合、x_1^i が大きくなると x_2^i も大きな値をとる傾向が成り立ちます。なお、今回のように標準化している場合は共分散と相関の値は一致します。共分散は**式3.3**で表されます。

$$S_{\boldsymbol{x}_1\boldsymbol{x}_2}^2 = \frac{1}{N}\sum_{i=1}^{N}(x_1^i - \overline{x}_1)(x_2^i - \overline{x}_2) = \frac{1}{N}\sum_{i=1}^{N}(x_1^i x_2^i) \tag{3.3}$$

以上の分散、共分散を行列で表した共分散行列を求めると、データ行列 $\boldsymbol{X}$ を用いて、**式3.4**で表せます。

$$S_X^2 = \begin{pmatrix} S_{\boldsymbol{x}_1}^2 & S_{\boldsymbol{x}_1\boldsymbol{x}_2}^2 \\ S_{\boldsymbol{x}_1\boldsymbol{x}_2}^2 & S_{\boldsymbol{x}_2}^2 \end{pmatrix} = \frac{1}{N}X^{\mathrm{T}}X \tag{3.4}$$

いま $\boldsymbol{x}_1$ と $\boldsymbol{x}_2$ の共分散は0ではありません。身長が高ければきっと体重も重いだろうと予想がつきます。つまり、身長というデータに体重の情報も含まれています。本節の冒頭でも説明したように、主成分分析では互いに変数の情報を含まないようにしたいです。そのためには、相関が0となればうれしいです[注1]。そこでこれらの変数を相関がない変数、つまり**共分散が0となる変数に変換する操作を行います**。

いま $\boldsymbol{x}$ に主成分分析を実施し、なんらかの変換をしたあとの変数 $\boldsymbol{y}$ を考えます。$\boldsymbol{X}$ と同様に N 人のデータを並べた行列 $\boldsymbol{Y}$ を、$\boldsymbol{Y} = (\boldsymbol{y}^1 \quad \cdots \quad \boldsymbol{y}^N)^{\mathrm{T}}$ とします。すると $\boldsymbol{y}$ は共分散が0なので、共分散行列は**式3.5**で表せます。

注1　厳密には、変数が正規分布に従う場合には、相関がなければ情報を持ち合わないのですが、正規分布に従わない場合は、相関がなくかつ独立という状態にする必要があります。変数を独立にする操作には独立成分分析（ICA：Independent Component Analysis）と呼ばれる手法があります。

$$\boldsymbol{S}_{\boldsymbol{Y}}^2 = \frac{1}{N}\boldsymbol{Y}^{\mathrm{T}}\boldsymbol{Y} = \begin{pmatrix} \boldsymbol{S}_{\boldsymbol{y}_1}^2 & 0 \\ 0 & \boldsymbol{S}_{\boldsymbol{y}_2}^2 \end{pmatrix} \tag{3.5}$$

この共分散行列$\boldsymbol{S}_{\boldsymbol{Y}}^2$の要素を見ると、対角成分以外は0の**対角行列**となっています。そのため「データ行列$\boldsymbol{X}$から、このような$\boldsymbol{Y}$を対角化を用いて作れないだろうか？」と考えられます。

③$\boldsymbol{S}_X^2$の固有値・固有ベクトルを求める

そこで$\boldsymbol{S}_X^2$を対角化するために固有値・固有ベクトルを求めます。$\boldsymbol{S}_X^2$の固有値をそれぞれλ_1、λ_2（λはラムダと発音）とし、対応する固有ベクトルを$\boldsymbol{p}_1 = (p_{11}, p_{12})^{\mathrm{T}}$、$\boldsymbol{p}_2 = (p_{21}, p_{22})^{\mathrm{T}}$とします。ただし、固有値は大きい値から順番に並んでいるとします。固有値・固有ベクトルの導出方法は線形代数の書籍を参照してください [28]。

④固有ベクトルを並べた行列$\boldsymbol{P}$を作る

$\boldsymbol{S}_X^2$に対して固有ベクトルを掛けると、固有ベクトルの大きさは対応する固有値の値に応じて大きくなるので、$\boldsymbol{S}_X^2\boldsymbol{p}_i = \boldsymbol{p}_i\lambda_i$が成り立ちます。これは固有値・固有ベクトルの性質です。この関係を行列で書きましょう。固有ベクトルを並べた行列を$\boldsymbol{P} = (\boldsymbol{p}_1, \boldsymbol{p}_2)$と表すと、**式3.6**が成り立ちます。

$$\boldsymbol{S}_X^2\boldsymbol{P} = \boldsymbol{P}\begin{pmatrix} \lambda_1 & 0 \\ 0 & \lambda_2 \end{pmatrix} \tag{3.6}$$

式3.6に対して、左から$\boldsymbol{P}$の逆行列$\boldsymbol{P}^{-1}$を掛けると、**式3.7**となり、$\boldsymbol{S}_X^2$の対角化が完了します。

$$\boldsymbol{P}^{-1}\boldsymbol{S}_X^2\boldsymbol{P} = \begin{pmatrix} \lambda_1 & 0 \\ 0 & \lambda_2 \end{pmatrix} \tag{3.7}$$

いま$\boldsymbol{S}_X^2$は転置しても同じ行列になる対称行列です（$\boldsymbol{S}_X^2 = \boldsymbol{S}_X^{2\,\mathrm{T}}$）。対称行列の固有ベクトル行列$\boldsymbol{P}$には逆行列が転置となる法則、つまり、$\boldsymbol{P}^{-1} = \boldsymbol{P}^{\mathrm{T}}$の関係が成り立つという法則があります [28]。よって、$\boldsymbol{P}^{-1}\boldsymbol{S}_X^2\boldsymbol{P}$は$\boldsymbol{P}^{\mathrm{T}}\boldsymbol{S}_X^2\boldsymbol{P}$と書けます。すると対角化の式は、**式3.8**で書き表せます。

$$\boldsymbol{P}^{-1}\boldsymbol{S}_X^2\boldsymbol{P} = \boldsymbol{P}^{\mathrm{T}}\boldsymbol{S}_X^2\boldsymbol{P} = \frac{1}{N}\boldsymbol{P}^{T}\boldsymbol{X}^{T}\boldsymbol{X}\boldsymbol{P} = \begin{pmatrix} \lambda_1 & 0 \\ 0 & \lambda_2 \end{pmatrix} \tag{3.8}$$

⑤Pで変数Xを変換し$Y=XP$を作成する

ここで、$\boldsymbol{P}$を利用して変数$\boldsymbol{X}$を、$\boldsymbol{XP}=\boldsymbol{Y}$と、$\boldsymbol{Y}$に線形変換してみます。ここで行列の掛け算の転置法則、$(\boldsymbol{AB})^{\mathrm{T}}=\boldsymbol{B}^{\mathrm{T}}\boldsymbol{A}^{\mathrm{T}}$を使用すると、対角化の**式3.8**が次の**式3.9**になります。

$$\frac{1}{N}\boldsymbol{P}^{\mathrm{T}}\boldsymbol{X}^{\mathrm{T}}\boldsymbol{XP}=\frac{1}{N}(\boldsymbol{XP})^{\mathrm{T}}(\boldsymbol{XP})=\frac{1}{N}\boldsymbol{Y}^{\mathrm{T}}\boldsymbol{Y}=\begin{pmatrix}\lambda_1 & 0\\ 0 & \lambda_2\end{pmatrix} \tag{3.9}$$

私たちはデータ$\boldsymbol{X}$に対してなんらかの変換をした変換後の$\boldsymbol{Y}$について、

$$\boldsymbol{S}_{\boldsymbol{Y}}^2=\frac{1}{N}\boldsymbol{Y}^{\mathrm{T}}\boldsymbol{Y}=\begin{pmatrix}\boldsymbol{S}_{\boldsymbol{y}_1}^2 & 0\\ 0 & \boldsymbol{S}_{\boldsymbol{y}_2}^2\end{pmatrix} \qquad (3.5\ 再掲)$$

が成り立つような変換を探していました。つまり$\boldsymbol{S}_{\boldsymbol{X}}^2$の対角化操作で$\boldsymbol{XP}=\boldsymbol{Y}$と変換すれば、

$$\frac{1}{N}\boldsymbol{Y}^{\mathrm{T}}\boldsymbol{Y}=\begin{pmatrix}\lambda_1 & 0\\ 0 & \lambda_2\end{pmatrix}=\begin{pmatrix}\boldsymbol{S}_{\boldsymbol{y}_1}^2 & 0\\ 0 & \boldsymbol{S}_{\boldsymbol{y}_2}^2\end{pmatrix} \tag{3.10}$$

が成り立ちます。よって、**データ行列Xに対してS_X^2の固有ベクトルを並べた行列Pを掛け算すれば、共分散が0になる変数Yへと変換できる**ことが判明しました。

いま、

$$(x_1^i,\ x_2^i)\begin{pmatrix}p_{11} & p_{21}\\ p_{12} & p_{22}\end{pmatrix}=(y_1^i,\ y_2^i) \tag{3.11}$$

と変換されているので、たとえば$y_1^i=p_{11}x_1^i+p_{12}x_2^i$という関係になっています。今回の身長・体重の例の場合、y_1^iは体格を、y_2^iは体型を表す値となります。

⑥必要な次元数分だけYの要素を前から取り出す

ここまでで主成分分析による新たな変数の作成ができました。最後に次元圧縮について考えましょう。そのために、$\boldsymbol{S}_{\boldsymbol{X}}^2$の固有値と変換後の変数$\boldsymbol{y}$の分散の関係を考えます。$\boldsymbol{y}$の分散には$\boldsymbol{S}_{\boldsymbol{y}_1}^2=\lambda_1$、$\boldsymbol{S}_{\boldsymbol{y}_2}^2=\lambda_2$という関係が成り立っています。固有値は大きいものから順番に並べたので、$\boldsymbol{y}_1$の分散は固有値λ_1であり、$\boldsymbol{y}_2$の分散であるλ_2に比べて大きくなります。逆に考えると「$\boldsymbol{y}_2$の分散は$\boldsymbol{y}_1$の分散より小さい」と言えます。

分散が小さいということは、$\boldsymbol{y}_2$は$\boldsymbol{y}_1$に比べて平均値の周りにギュッと集まります。そして、平均値の周りにギュッと集まっているなら「ほぼ平均値と同じなので無視して良いだろう」と考えられます。このように必要な次元数分だけ固有値の大きいほうから$\boldsymbol{y}$の要素を取り出し、分散の小さい残りの要素を無視すれば、主成分分析による次元圧

縮ができます。

終わりに

主成分分析は線形代数の固有値・固有ベクトル・対角化による固有値分解をベースにしており、一読するだけでは難しいですが、ぜひ理解にチャレンジしてみてください。

3.3 k-meansによるクラスタリングとデータ前処理

本節では入力データを似た者同士が集まったグループ（クラスタ）に割り振る機械学習手法を紹介します。このような機械学習手法は教師なし学習の**クラスタリング**と呼ばれます。本節では、クラスタリングの中でも最も基本的なアルゴリズムである**k-means**について解説します。また、k-meansを扱ううえで注意しなければならない**データ前処理**の重要性についても紹介します。

本節を読み終えた際に整理・定着させておきたい点は次の3点です。

- scikit-learnを用いてデータ前処理とk-meansを実装できる
- k-meansでは各クラスタの重心の計算とクラスタの再割り当てを繰り返して最適なクラスタを探索する
- 重心の初期値、データのスケール、類似度を表す距離がクラスタリング結果に影響する

アルゴリズムの基本的な流れ、概要

文書データを例にk-meansによるクラスタリングで実現したい処理を解説します。さまざまなスポーツ（サッカー・野球・ラグビーなど）に関連する大量の文書データが手元にあるとします。このとき、サッカーに関連する文書のみを効率よく抽出するためにはどのようにすれば良いでしょうか。単純な方法として、人手でサッカー・野球・ラグビーなどのラベルを各文書に割り当て、そのラベルごとに文書をグループ分けする方法が考えられます。しかし、この方法は正確ですが、人が文書を1つずつ読んでラベルを付与していくのは大変です。人が文書を読まなくても自動でグループ分けする方法はないのでしょうか。そこで活躍するのが教師なし学習の**クラスタリング**です。

クラスタリングは人が事前に正解を教えることなく、自動で似た者同士のデータをグルーピングする教師なしの機械学習手法です。クラスタリングによってできる各グルー

プを**クラスタ**と呼びます。スポーツに関する文書の例であれば、ラベルなしの大量の文書データをクラスタリングのアルゴリズムに与えて、サッカー・野球・ラグビーなどのジャンルごとに自動でグループ分けするのが目標になります（**図3.6**）。

● 図3.6 クラスタリングによって文書をグループ分けする例

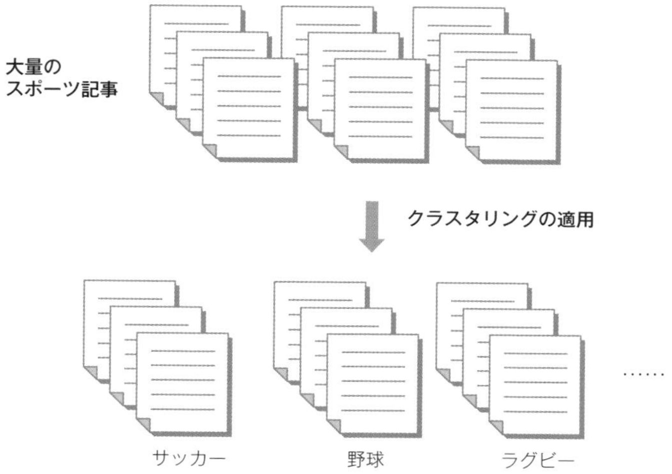

ただし、**図3.6**のサッカー・野球・ラグビーなどのグループ名は各クラスタの中身を見て人が名前を付けています。つまり、「競技ごとにグループ分けしてください」と指示しているのではありません。あくまでも似たもの同士のデータが自動でグループ分けされた結果から「このクラスタの文書たちはサッカーっぽい」と人が勝手に名前を付けます。また、k-meansを含め、多くのクラスタリング手法ではクラスタ数を人が事前に指定してあげる必要があります（最適なクラスタ数を求める手法は第4章で解説します）。

ここまで、類似しているデータを事前情報なしで同じグループにまとめる手法が、クラスタリングであることを解説しました。では、データが類似しているとは具体的にどのような状態を指すのでしょうか。

類似しているデータとは

データが類似しているかどうかは、そのデータが分布している空間での距離を測定すれば計算できます。たとえば、**図3.7**に示したような、2次元座標に分布している3つのデータを考えてみます。2点間の距離を測る方法はさまざまありますが、ここでは代表的な手法である**ユークリッド距離**を紹介します。

● 図3.7 3つのデータA、B、Cに関するユークリッド距離の例

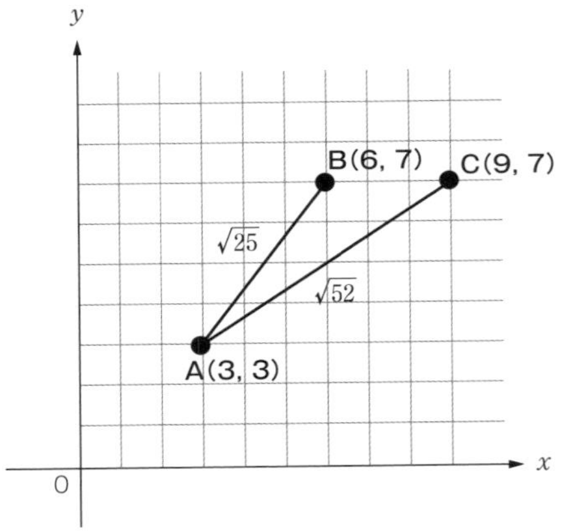

ユークリッド距離は**図3.7**の実線で示した斜めの線を距離として考える手法です。これは三平方の定理を用いれば計算できます。たとえば、データAとデータB間の距離であれば$\sqrt{(6-3)^2+(7-3)^2}=\sqrt{25}$になります。データAとデータC間の距離であれば$\sqrt{(9-3)^2+(7-3)^2}=\sqrt{52}$になります。

そして、ユークリッド距離を用いることでデータが類似しているかどうかを判断できます。具体的には、AB間の距離$\sqrt{25}$はAC間の距離$\sqrt{52}$よりも小さいため、データAはデータCよりもデータBに類似していると言えます。ここでは2次元の場合を考えましたが、ユークリッド距離はn次元の場合でも同様に計算できます。

2点間の距離を測る方法にはユークリッド距離のほかにも、マンハッタン距離やマハラノビス距離、ミンコフスキー距離などがあります。どの指標を使用してデータ間の距離を定義すべきかは扱う問題によって変わってきます。一般的には、はじめに**ユークリッド距離**を距離として用いることが多いです。scikit-learnで実装されているk-meansも、デフォルトではユークリッド距離の2乗を指標に利用しています。これ以降では、ユークリッド距離の2乗を「距離」という言葉で表します。

k-meansクラスタリングの様子

k-meansの実装に入る前に、k-meansアルゴリズムの実行過程を表示してみましょう。2.2節でも使用したパッケージmglearnをインストールおよびインポートし、plots.plot_kmeans_algorithmを実行してみましょう（**リスト3.5**）。

■ リスト3.5 k-meansクラスタリングのフロー図を表示

```
# mglearnのインストール
!pip install mglearn

# 必要なライブラリのインポート
import mglearn
import matplotlib.pyplot as plt
plt.style.use('seaborn-darkgrid')

mglearn.plots.plot_kmeans_algorithm()
```

● 図3.8 リスト3.5の実行結果
k-meansクラスタリングの様子 [12]。

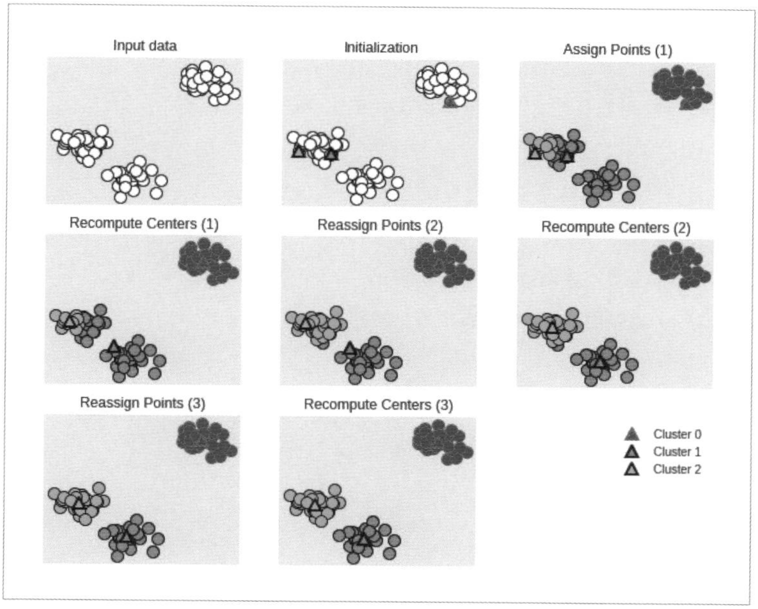

アルゴリズムの詳細はのちほど解説しますが、イメージをつかむために**図3.8**を見てみましょう。k-meansではまず各クラスタの重心の初期値となるデータ点▲を人が設定したクラスタ数分だけ選択します（**図3.8** Initialization）。**図3.8**の例の場合、クラスタ数の初期値が3に設定されているため、重心の初期値が3点選択されています。

次に、各データ点に対してクラスタを割り当てます（**図3.8** Assign Points）。各データ点には最も距離が近い重心が属するクラスタを割り当てます。そして各クラスタの重心▲

の位置を更新（**図3.8** Recompute Centers）し、クラスタの再割り当て（**図3.8** ReassignPoints）を変化がなくなるまで繰り返します。最終的にデータが3つのクラスタにきれいに分類されています。

プログラムの実装と実行

データの準備

k-meansを実装していきましょう。本節の実装では、scikit-learnに用意されているmake_blobsデータを使用します。blobとは小さなかたまりという意味です。このデータはクラスタリングを検証するために用意された疑似データです。複数の正規分布に従うデータが生成されます。また、重心と標準偏差を変えることでさまざまな分布パターンのデータセットを作成できます。データセットは特徴量（説明変数）が2つであり、2次元座標上で可視化できます。k-meansでははじめにクラスタ数を決める必要があります。その参考にするためにも、データを可視化できる場合は、まずデータの分布傾向を可視化して眺めましょう（**リスト3.6**）。

なお、本節でk-meansを適用するデータセットは片方の特徴量のスケールを10倍します。この操作を行う理由は、のちほど正規化ありと正規化なしの場合のクラスタリング結果を比較するためです。正規化の有無によって結果に違いが出る理由についてはのちほど解説します。まずは実装を通してどのような結果の違いが得られるか確認してみましょう。

■ リスト3.6 データの分布の可視化

```
# 必要なライブラリのインポート
from sklearn.datasets import make_blobs

# データセットの準備
X, y = make_blobs(n_samples=1500, n_features=2, centers=2, random_state=2)

# 特徴量（横軸）のスケールを拡大
X[:, 0] = X[:, 0] * 10

# データの分布傾向の可視化
plt.scatter(X[:, 0], X[:, 1])
plt.title("Blobs Data ")
plt.show()
```

● 図3.9 リスト3.6の実行結果

横軸のスケールを10倍している。

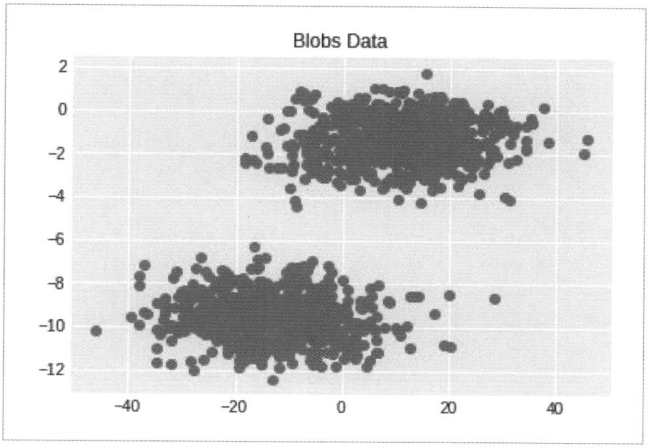

k-meansの実装(正規化ありの場合)

正規化ありの場合のk-meansを適用してみます。**図3.9**の結果から「クラスタ数を2に設定すると、人の直感に合うようにデータを分けられるのではないか」と仮説を立てられます。この仮説を検証するため、クラスタ数を2に設定し、データを正規化してからk-meansを適用してみましょう(**リスト3.7**)。ここでは、MinMaxScalerと呼ばれる正規化を実施しています。この正規化手法の詳細については、のちほどk-meansのアルゴリズム解説部分で紹介します。

■ リスト3.7 k-meansの適用(データの正規化あり)

```
# 必要なライブラリのインポート
from sklearn.cluster import KMeans
from sklearn.preprocessing import MinMaxScaler

# データの正規化
X_norm = MinMaxScaler().fit_transform(X)

# k-meansの適用(クラスタ数は2)
kmeans = KMeans(n_clusters=2, random_state=0)
y_pred = kmeans.fit_predict(X_norm)

# クラスタリング結果の可視化
```

```
plt.figure(figsize=(10, 5))
plt.subplot(121)
plt.scatter(X_norm[:, 0], X_norm[:, 1], c=~y_pred, cmap='bwr')
plt.title("(a) k-means cluster")
plt.subplot(122)
plt.scatter(X_norm[:, 0], X_norm[:, 1], c=y, cmap='bwr')
plt.title("(b) true cluster")
plt.show()
```

● 図3.10　リスト3.7の実行結果
(a) はk-meansによるクラスタリング結果。(b) は正解ラベルを用いてクラスタ分けしている。

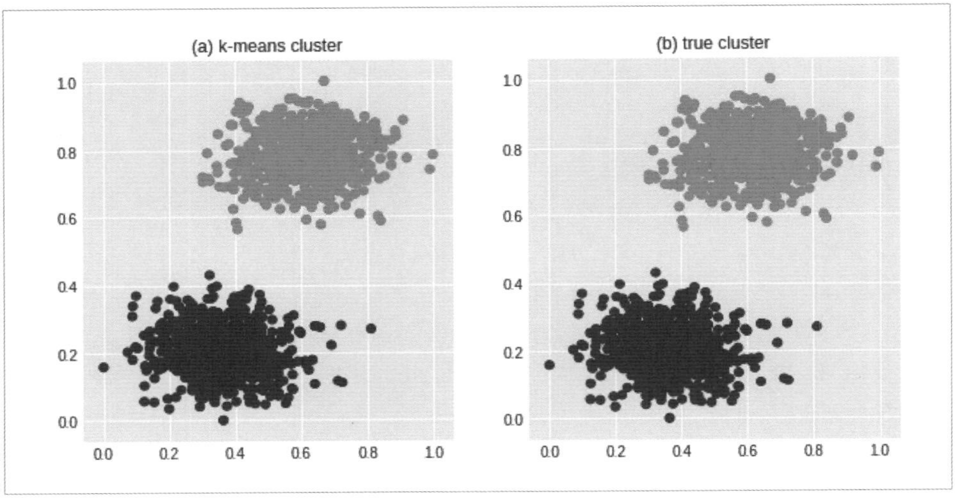

本節では疑似データを生成してクラスタリングしたので、各データがどのクラスタに所属しているべきなのか正解がわかります（**図3.10 (b)**）。k-meansを実行した結果、正解ラベルに合うように2つのかたまりに分けられました。

リスト3.7の実装コードの補足ですが、KMeansのfit_predictメソッドは、たとえば、`[1,0,0,……,1,1,0]`のように、クラスタリングによって割り振られた各データ点のラベルをNumPyの配列として返します。つまり、y_predには各データ点に対応するラベルのリストが格納されています。そして、クラスタリング結果を出力するときに、y_predをplt.scatterの引数cに与えることでデータ点をラベルごとに色分けできます。

また、**リスト3.7**の実装では、クラスタリング結果の色分け（**図3.10 (a)**）と正解ラベルの色分け（**図3.10 (b)**）を一致させて比較しやすくするために、y_predの値をビット反転させた値~y_predをplt.scatterの引数cに与えています。さらに、視覚的に比較しやすい色で出力させるために引数cmapでカラーマップを"bwr"に指定しています。

これらの2つの操作は説明の都合上必要になった処理であるため、実際は必要ありません。また、クラスタリングの目的は正解ラベルのないデータセットを似たもの同士にグルーピングすることであり、付与されるラベルの値そのものに意味はないので出力のためにy_predの値をビット反転させても問題はありません。

本節で使用したデータは特徴量（説明変数）が2つなので、2次元座標上にマッピングしてデータが分布している様子を可視化できました。そして、可視化結果からクラスタ数を2に設定できました。3次元の場合もデータの可視化はできます。しかし、多くの場合、クラスタリングしたいデータの特徴量は4つ以上あるため、データをグラフで可視化してクラスタ数を事前に見積もることが困難です。このような場合、k-meansではクラスタ数を変化させながら最適な値を探すしか方法がありません。その際には、エルボー法やシルエット分析と呼ばれる手法などが使われます。最適なクラスタ数の探索手法であるエルボー法およびシルエット分析は第4章で紹介します。

k-meansの実装（正規化なしの場合）

先ほどは、正規化ありの場合のk-meansを実装しました。次は正規化なしの場合の例を見ていきましょう。クラスタリングを適用するデータセットは**リスト3.6**で準備したものです。正規化ありの場合の実装（**リスト3.7**）と同様にクラスタ数は2に設定します。ただし、今回はデータを正規化せずにk-meansを適用してみます（**リスト3.8**）。

■ リスト3.8 k-meansの適用（データの正規化なし）

```
# k-meansの適用（クラスタ数は2）
kmeans = KMeans(n_clusters=2, random_state=0)
y_pred = kmeans.fit_predict(X)

# クラスタリング結果の可視化
plt.figure(figsize=(10, 5))
plt.subplot(121)
plt.scatter(X[:, 0], X[:, 1], c=~y_pred, cmap='bwr')
plt.title("(a) k-means cluster")
plt.subplot(122)
plt.scatter(X[:, 0], X[:, 1], c=y, cmap='bwr')
plt.title("(b) true cluster")
plt.show()
```

● **図3.11　リスト3.8の実行結果**

(a) はk-meansによるクラスタリング結果。(b) は正解ラベルを用いてクラスタ分けしている。

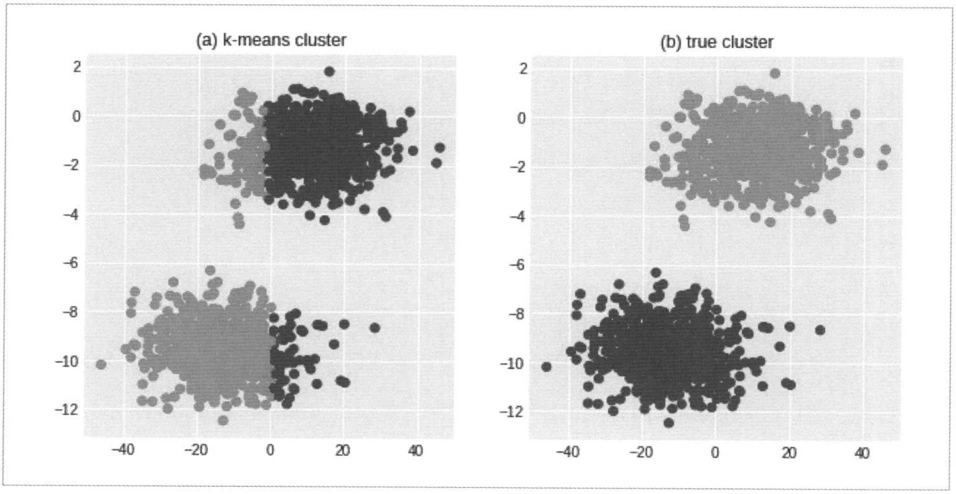

図3.11を見てみると、クラスタリングがうまくできていません。この理由を探るために**図3.10**をもう一度見てみましょう。**図3.10**は正規化しているため、縦軸も横軸も0～1の範囲になっています。一方で、**図3.11**はスケールを10倍にしたデータを正規化していないため、横軸のスケールが大きいです。実はこの特徴量のスケールの違いがクラスタリング結果に影響を与えています。正規化の操作をなくし、スケールの違うデータをそのままk-meansに適用すると、なぜクラスタリングがうまくいかなくなるのでしょうか。ここでポイントとなるのが、k-meansは**重心との距離が近いデータを同じクラスタに集める**という性質です。

アルゴリズムの詳細な解説（k-meansのこころ）

k-meansのアルゴリズムの背後で起きていることを解説します。k-meansは4ステップで構成されています。はじめに、クラスタの数と各クラスタの重心の初期値を設定します。重心の初期値にはクラスタリング対象のデータの中からランダムに選択したデータ点を設定します。より詳細には、選択するデータ点同士がなるべく離れるように重心の初期値を決定します。この初期化設定方法はk-means++法と呼びます。

次に、データを各クラスタに振り分けます。その際には、各クラスタの重心とデータ点の距離を計算し、距離が最も小さいクラスタにデータを割り当てます。N点のデータがある場合、各データが所属するクラスタの重心と各データまでの距離の和を式で表すと**式3.12**になります。

$$\sum_{i=0}^{N}\min_{\boldsymbol{\mu}_j\in C}(\|\boldsymbol{x}_i-\boldsymbol{\mu}_j\|^2) \qquad (3.12)$$

ただし、

$$\|\boldsymbol{x}_i-\boldsymbol{\mu}_j\|^2=(\boldsymbol{x}_i-\boldsymbol{\mu}_j)^2 \qquad (3.13)$$

$\boldsymbol{x}_i$がi番目のデータ、$\boldsymbol{\mu}_j$がj番目のクラスタの重心で、Cはクラスタの重心の集合（すべてのクラスタの重心を並べたもの）になります。つまり、$\min_{\boldsymbol{\mu}_j\in C}(\|\boldsymbol{x}_i-\boldsymbol{\mu}_j\|^2)$はすべてのクラスタの重心の中からデータ点$\boldsymbol{x}_i$と距離が最も近いクラスタの重心を1つ選択すると解釈できます。そして、総和を計算して全データの距離の合計を求めます。この合計値が最も小さくなるように、クラスタの重心と各データが所属するクラスタを決定します。

k-meansでは一度の計算でクラスタリングが完了するのではなく、計算を反復させる必要があります。計算を反復させる理由は、クラスタの割り当てと重心の計算を交互に繰り返して、**式3.12**で示された各データとクラスタの距離を総和した値を最小化するためです。

より具体的には、まず、データを各クラスタに割り当てたあと、割り当てられたデータを使用して各クラスタの重心を計算しなおします。クラスタの重心は、そのクラスタに割り当てられたデータ点の平均値を計算して求めます。そして、再計算して求めた重心に対して、データを各クラスタに再度割り当てます。この**クラスタの再割り当て**と**クラスタの重心の再計算**の2つのステップを、距離を総和した値（**式3.12**）が最小になる（収束する）まで、もしくは事前に決めた反復回数だけ繰り返します。

ここまでの説明を整理すると、k-meansは**図3.12**に示した4ステップになります。

● **図3.12** k-meansの流れ

データ前処理の重要性(1) ——スケールの違いによる影響

各特徴量のスケールが違うときに、なぜクラスタリングがうまくいかないかを解説します。k-meansでは、ユークリッド距離の2乗を基準としてクラスタリングしていることを思い出してください。この距離を計算するときに、一部の特徴量の値だけ極端に大きい場合はどうなるでしょうか。具体的に、2次元の例で考えてみましょう。特徴量1の値は0〜10、特徴量2の値は0〜1の範囲をとるとします。このとき、最も離れた2点(0, 0)と(10, 1)の距離は$(10-0)^2+(1-0)^2=(10)^2+(1)^2$になります。ここで着目してほしいのが、全体の距離に対する特徴量1と特徴量2の比です。比を計算すると100：1になり、特徴量1が全体に与える影響が特徴量2の100倍になってしまいます。つまり、特徴量1のみを重視した距離が算出されてしまうのです。

実際に、前述の実装で出力した**図3.11 (a)** を見てみると、横軸＝0付近を境に左右にクラスタが分けられています。つまり、スケールの小さな縦軸方向の近さは無視され、スケールの大きな横軸方向の近さのみによってクラスタが分けられてしまいます（横軸＝0付近は、赤い点と青い点がほとんどくっつくくらいに近い距離にありますが、別のクラスタに分けられています。これは横軸が分類の基準に使用されているからです。**図3.11 (a)** の場合は、横軸を基準とし、横軸＝0の縦線の境界線にて、データが分割されています）。

データ前処理

特徴量のスケールが大きく異なるとクラスタリングがうまくいきませんでした。この問題を回避するためにデータのスケールをそろえる必要があります。データのスケールをそろえる手法はいくつかありますが、ここでは正規化（normalization）と標準化（standarlization）を紹介します[注2]。

正規化の代表的な手法である**最小値・最大値正規化（min-max normalization）**の場合を紹介します。この手法は、データの値が0〜1の範囲になるよう変換します。具体的に式で表すと**式3.14**になります。

$$x_{norm}=\frac{x_i-x_{min}}{x_{max}-x_{min}} \tag{3.14}$$

x_{min}はデータセット内の最小値、x_{max}は最大値であり、x_iはスケール変換前のi番目のデータです。データが一様に分布しており、最小値と最大値が決まっているデータに対して有効です。一方で、最小値と最大値を使用してスケール変換するため、この変換手法は外れ値の影響を受けやすいです。

標準化は3.2節で解説したように、データが平均0、標準偏差1の正規分布に従うよ

注2　厳密な言葉の定義には諸説ありますが、本書ではこの使い分けをさせていただきます。

うに値を調整します。具体的に式で表すと**式3.15**になります。

$$x_{std} = \frac{x_i - \mu}{\sigma} \tag{3.15}$$

μは平均、σは標準偏差です。正規化とは対照的に、外れ値の影響を受けにくいため、最小値と最大値に制限がないデータに対して有効です。標準化では、スケール前のデータの分布が正規分布に従っていると仮定しています。

データ前処理の重要性(2) ——初期値依存の問題

ここまで、スケールの違いによる影響とその対処方法について解説しました。k-meansではスケールの違いに加えて、もう1点、注意しなければならない点があります。それは**初期値依存の問題**です。

1回目のクラスタリングと2回目のクラスタリングで選択される初期値が異なる場合を考えてみましょう。初期値が異なるとどのような結果が得られるでしょうか。選択される重心の初期値が異なれば、各データ点がはじめに割り当てられるクラスタが変化します。さらに、クラスタ割り当て後の重心の再計算結果も変化します。つまり、初期値が変化すると、異なるクラスタリング結果になってしまいます。

今回実装したscikit-learnのk-meansでは、性能向上のためにk-means++法という初期化方法を採用しています。この初期化方法では、**各クラスタの重心がなるべく離れるように**ランダムにデータ点を選択し、それを重心の初期値としてくれます。この方法を使用すると、完全にランダムに初期値を選択しないため、クラスタリング結果が安定しやすくなり、初期値依存の問題を回避しやすくなります。

また、scikit-learnではrandom_stateという変数が用意されています。第2章でも解説しましたが、この変数はアルゴリズム内で発生させる乱数を固定するために使用されます。つまり、k-meansを適用するときにrandom_stateの値を固定しておけば、同じデータセットに対して同じクラスタリング結果を得られます。クラスタリング結果の再現性が必要な場合、scikit-learnに用意されているk-meansを使用する際は、random_stateの値を設定するようにしましょう。

終わりに

最後に、k-meansで扱えないデータについて紹介しておきます。k-meansでは、真のクラスタが**傾いた楕円形のクラスタ**である場合や、**多様体上の非線形なクラスタ**である場合にはうまくクラスタリングできません（多様体については第4章で解説します）。

これらの条件の場合にk-meansがうまく機能しないのは、k-meansでは最も近いクラスタの重心までの距離しか考慮しないためです。複雑な形に分布しているデータに対してはk-meansとは異なるクラスタリング手法を適用する必要があります。楕円形のクラスタをうまくとらえられるアルゴリズムを次節で、多様体上の非線形なクラスタをうまくとらえられるアルゴリズムを第4章で紹介します。

3.4 ガウス混合モデル(GMM)によるクラスタリング

本節ではk-meansとは異なるクラスタリング手法である**ガウス混合モデル**（GMM：Gaussian Mixture Model）を紹介します。ガウス混合モデルは、k-meansではうまくクラスタリングできない傾いた楕円形に分布するデータのクラスタをうまくとらえられます。

本節を読み終えた際に整理・定着させておきたい点は次の3点です。

- scikit-learnを用いてガウス混合モデルを実装できる
- ガウス混合モデルは複数のガウス分布を重ね合わせた確率モデルである
- ガウス混合モデルのパラメータを求めるためにEMアルゴリズムが使われる

アルゴリズムの基本的な流れ、概要

ガウス混合モデルを用いて実現したい処理を解説します。本節で実現したいことは前節のk-meansと同様です。観測した全データを複数のクラスタに分割して各データがどのクラスタに属するのかを求めるクラスタリングとなります。

ただし、本節で扱うデータはk-meansではうまくクラスタリングできないものを想定します。**図3.13 (a)** が今回対象とするデータの一例です。

● 図3.13　3つのクラスタからなるデータのクラスタリング

(a) は正解ラベルを用いてクラスタ分けした結果。(b) はk-meansによるクラスタリング結果であり、星マークは各クラスタの重心を表す。

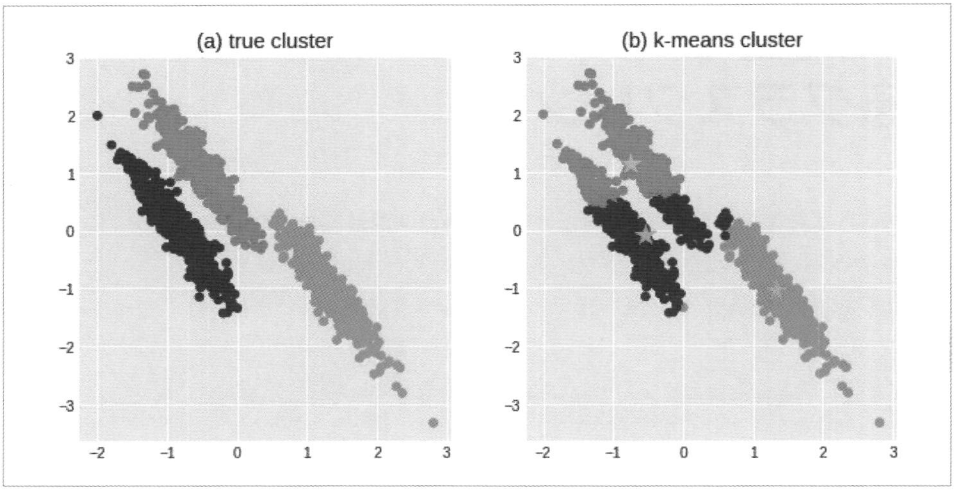

図3.13 (a) を見ると、赤青緑で正解クラスタごとに色分けされた各データのかたまりが、傾いた楕円形に分布しています。このようなデータに対してk-meansを適用した結果が**図3.13 (b)** です。星マークは各クラスタの重心を表します。3つのクラスタに分割していますが、**図3.13 (a)** の正解クラスタとは異なる結果になっています。

k-meansがうまくいかない原因は、k-meansがクラスタの重心からの二乗距離を指標としてクラスタリングを実行するためです。二乗距離の計算では同心円状のかたまりはうまくクラスタリングできますが、**図3.13 (a)** のデータセットのような楕円状のかたまりはうまくクラスタリングできません。

その一方で、**図3.13 (a)** のような、各データのかたまりが傾いた楕円形になっているデータに対してクラスタリングを実行できる手法が本節で解説するガウス混合モデルになります。

ガウス混合モデルによるクラスタリング

本節では実装に入る前に、ガウス混合モデルを理解するために必要な基礎知識となる**ガウス分布**と**混合ガウス分布**を解説します。その後、**確率モデル**について説明し、混合ガウス分布を利用したガウス混合モデルの概要について解説します。

ガウス分布とは

ガウス分布（正規分布とも呼ばれる）について解説します。ガウス分布はさまざまな場面で利用されるため、その性質をしっかりと理解しておきましょう。

ガウス分布は**平均μと分散σ^2**の2つのパラメータを持つ関数です。変数が1次元の場合、分布の形状は平均を中心に左右対称になります。たとえば、平均0、分散1のガウス分布は**図3.14 (a)** になります。

● 図3.14 平均0、分散1のガウス分布
(a) は1次元ガウス分布。(b) は2次元ガウス分布。

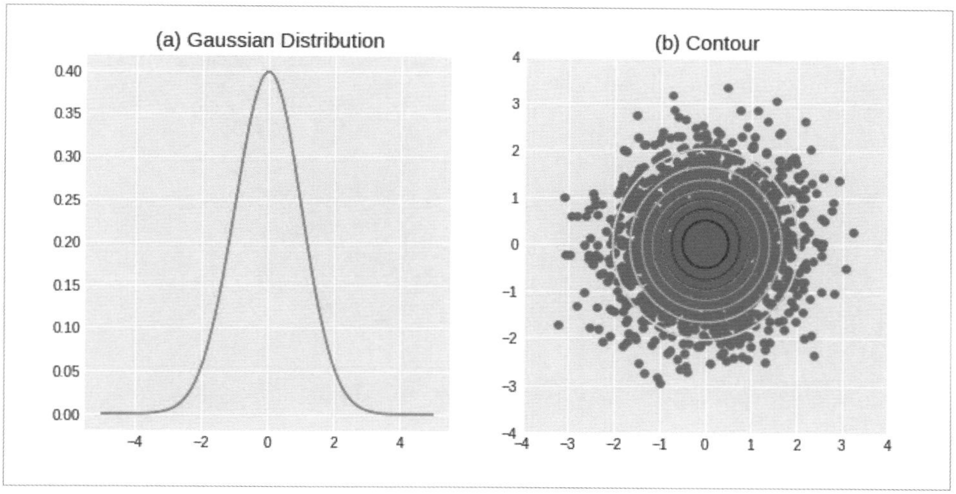

図3.14 (a) の横軸は確率変数と呼ばれます。グラフの縦軸の値は確率密度を示します[注3]。確率密度の値が大きいほどその確率変数が出現する確率は高くなります。つまり、**ガウス分布では、分布の山が最も高くなる位置にくる平均μの値が最も発生しやすく、平均から離れた値ほど発生しにくいです。**

図3.14 (b) は2次元のガウス分布です。縦軸と横軸は別々の確率変数です。確率密度は2次元平面にはうまく表現できないので、**図3.14 (b)** では確率密度の等高線を記載しています（赤色が濃くなるほど確率密度が高い）。ここでは、(横軸, 縦軸) = (0.0, 0.0) が分布の平均値です。この値が最も発生しやすく、この中心点から離れるに従い、デー

注3　確率密度は確率ではないため、分布の形状によっては値が1を超える場合もあることに注意してください。確率密度の詳細や、離散変数と連続変数に対する確率の解釈の違いについては参考文献 [12] を参照してください。

タは発生しづらくなり、データがまばらになっています。

ガウス分布の位置と形状は平均μと分散σ^2の値によって変化します。**図3.14 (a)** で示した平均0、分散1のガウス分布を基準に、平均と分散を変化させたときのガウス分布の形状の変化の様子を**図3.15 (a)** に示します。ガウス分布の平均を0から2に変化させると緑色の鎖線（━・━・━）で示した関数になり、中心位置が変化しています。

● **図3.15 パラメータの値を変化させたときのガウス分布の様子**
(a) は1次元ガウス分布。(b) は2次元ガウス分布。

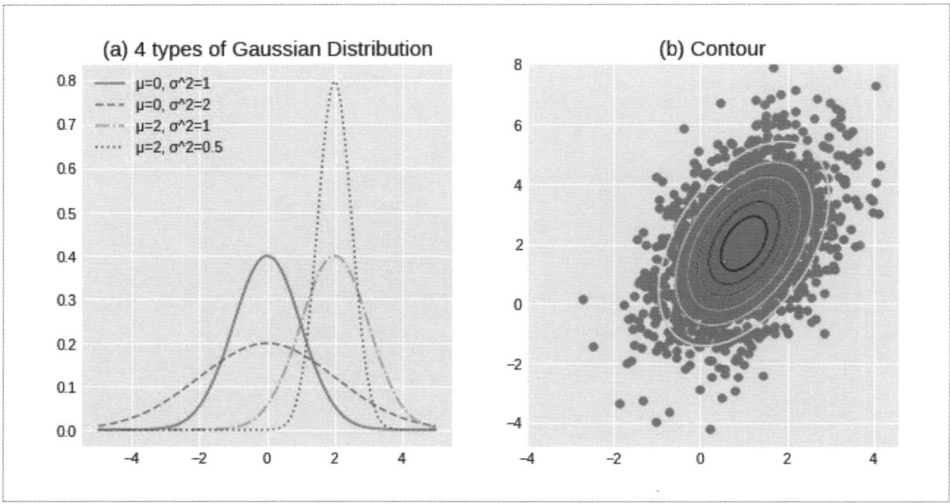

また、分散はデータのばらつき度合の指標です。分散を大きくして2にすると青色の破線（━ ━ ━ ━）で示した関数になり、裾野《すその》の広い形状になっています。さらに、平均を0から2にし、分散を小さくして0.5にすると、紫色の点線（…………）で示した関数になり、中心位置が移動した尖《とが》った形状の関数が得られます。

2次元のガウス分布の場合でも、平均値を変化させると中心が変化します。また、各確率変数の分散を変化させるとその形状も変化します。2次元の場合、分散は各変数それぞれの分散と、変数間の分散（共分散）の3種類の分散が存在します。各変数の分散はそれぞれの軸方向への広がりを示し、分散が大きいとその軸方向にデータが広がります。共分散は変数間の関係を示しており、共分散が大きいとデータのかたまりが傾いた形になります。**図3.15 (b)** は(横軸, 縦軸)の順に平均が(1.0, 2.0)、分散が(1.0, 3.0)で、共分散が0.8のデータの様子です。

混合ガウス分布とは

続いて混合ガウス分布について解説します。**図3.13 (a)** で示したように、クラスタリングでは複数のクラスタを仮定し、データをクラスタリングします。そこで全データを1つのガウス分布で表現するのではなく、複数のガウス分布の組み合わせでデータを表現することを考えます。

たとえば**図3.13 (a)** は3つのクラスタからなるデータでした。このデータを表現するのに1つのガウス分布を仮定してみましょう。データから平均と分散、共分散を計算しガウス分布を求めて、ガウス分布の等高線を重ねてみます。その結果が**図3.16 (a)** です。1つのガウス分布では3つのかたまりをうまくとらえられていないように見えます。つまり、1つのガウス分布を仮定した場合では適切にデータを表現できていません。

このようなデータの特徴をきちんととらえるには、複数のガウス分布を考える必要があります。**図3.16 (b)** は3つのガウス分布の組み合わせでデータが説明できると仮定した場合の結果です。この場合は3つのガウス分布の中心（それぞれの平均値）が、データがたくさん存在する場所に来ており、うまくデータを表現できているように思えます。

● 図3.16　クラスタ数3で発生させた疑似データとガウス分布の等高線

(a) は全データから推定した1つのガウス分布。(b) はクラスタごとのデータからそれぞれ推定した3つのガウス分布を組み合わせた結果。

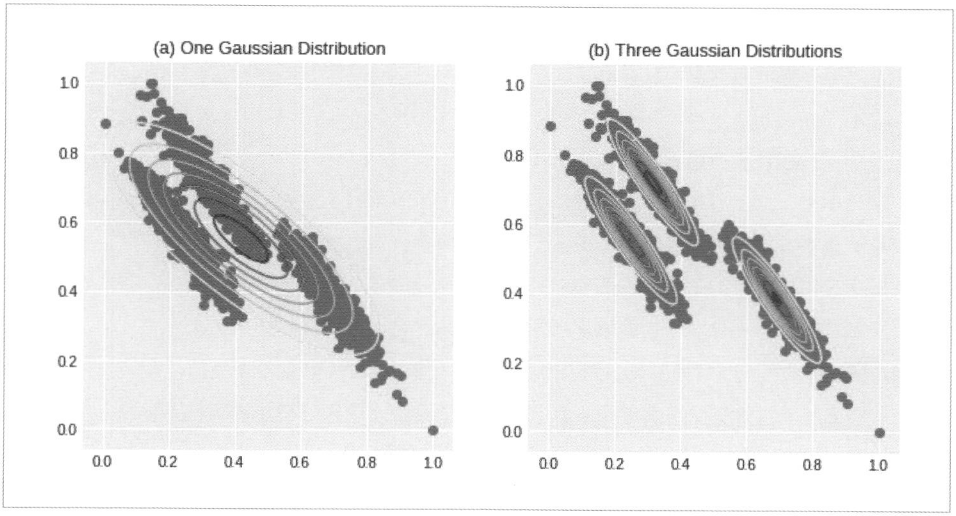

確率モデルとは

続いて確率モデルについて解説します。確率モデルとは**観測データが発生する現象（プロセス）を、確率分布を用いて表現したモデル**のことです。

確率モデルを理解するために、たとえば**図3.16 (b)** を横軸が数学、縦軸が国語の点数を示す学生の試験結果だったと仮定してみましょう。各データ点は学生一人一人の得点です。賢さの傾向が異なる３つの学生集団がいることになります。**確率モデルとは図3.16 (b) のような全学生の得点を生み出すモデル**のことです。ここで観測データとは全学生の得点を示します。そして、この全学生の得点が発生する現象を混合ガウス分布で近似する手法が確率モデルです。

注意としては、今回の確率モデルは全観測データが生まれるプロセスを置き換えたモデルであり、学生個々人のデータの生成プロセスを説明するモデルではない点です。個々人の得点を予測しようと思うと、（その学生の賢さ、出題内容、その学生の事前の学習時間、など）を変数として、なんらかの計算で表現できるかもしれません。しかし本節の目的は全観測データの特徴をとらえることです。そのため、個々人のデータ１つに対する生成プロセスではなく、全学生の得点（観測データ）が発生する現象を確率分布で表現しています。**図3.13 (a)** のデータであれば、確率分布として３つのガウス分布が重ね合わされた混合ガウス分布を仮定することになります。

このように、混合ガウス分布に従う確率モデルを**ガウス混合モデル**（もしくは混合ガウスモデル、GMM：Gaussian Mixture Model）と呼びます。

ガウス混合モデルを使用する意図

クラスタリングに確率モデルとしてガウス混合モデルを使用する意図を解説します。

クラスタリングを実施する前は、**図3.16 (b)** の各データ点のみが得られている状態です。この状態からクラスタの数を事前に仮定し、各データ点がどのクラスタに属するのかを求めたいです。そこで、全データ点の生成確率が最大となる混合ガウス分布を求めます。すなわち、**図3.16 (b)** の等高線で示した３つのガウス分布を求めることになります。

３つのガウス分布はそれぞれのクラスタを示します。よって混合ガウス分布が求まれば、各データについて、それぞれのガウス分布からの発生確率を計算し、そのデータが所属するクラスタ（ガウス分布）を推定できます。

つまり、①全データから混合ガウス分布の形（パラメータ）を求め、②さらに各データ点が所属するクラスタを求める、このようなクラスタリング処理がガウス混合モデルとなります。より厳密な流れについてはのちほど解説します。

プログラムの実装と実行

使用するデータ

ガウス混合モデルを実装していきましょう。本節の実装では、3.3節のk-meansのときと同様にscikit-learnに用意されているmake_blobsデータを使用します。ただし、本実装では3つのクラスタの疑似データを発生させるために、make_blobsの引数centersを3に設定しています。また、make_blobsで生成したデータに対して、`[[0.5, -0.6], [-0.3, 0.8]]`の変換行列を適用して変換しておきます。この操作により、同心円状の各データのかたまりが、傾いた楕円状になります。

サンプルデータを準備し、変換行列`[[0.5, -0.6], [-0.3, 0.8]]`でデータを変換させます（**リスト3.9**）。コードを実行すると**図3.17**の結果が得られます。円に近いかたまりのオリジナルのデータ（**図3.17 (a)**）が変形し、楕円状（**図3.17 (b)**）になっています。ちなみにX_anisoのanisoとはanisotropically（異方性）という意味です。

■ リスト3.9 データセットの準備

```
# 必要なライブラリのインポート
import numpy as np
import matplotlib.pyplot as plt
from sklearn.datasets import make_blobs
plt.style.use('seaborn-darkgrid')

# サンプルデータの準備
X, y = make_blobs(n_samples=1500, centers=3, random_state=170)

# 変換行列の適用
transformation = [[0.5, -0.6], [-0.3, 0.8]]
X_aniso = np.dot(X, transformation)

# 変換結果の可視化
plt.figure(figsize=(10, 5))
plt.subplot(121)
plt.title("(a) Original")
plt.scatter(X[:, 0], X[:, 1], c=y, cmap='brg')
plt.subplot(122)
plt.title("(b) Anisotropically")
plt.scatter(X_aniso[:, 0], X_aniso[:, 1], c=y, cmap='brg')
```

```
plt.show()
```

● 図3.17　リスト3.9の実行結果

(a) は3つのクラスタの疑似データ。(b) は変換行列 [[0.5, -0.6], [-0.3, 0.8]] で (a) の疑似データを変換した結果。

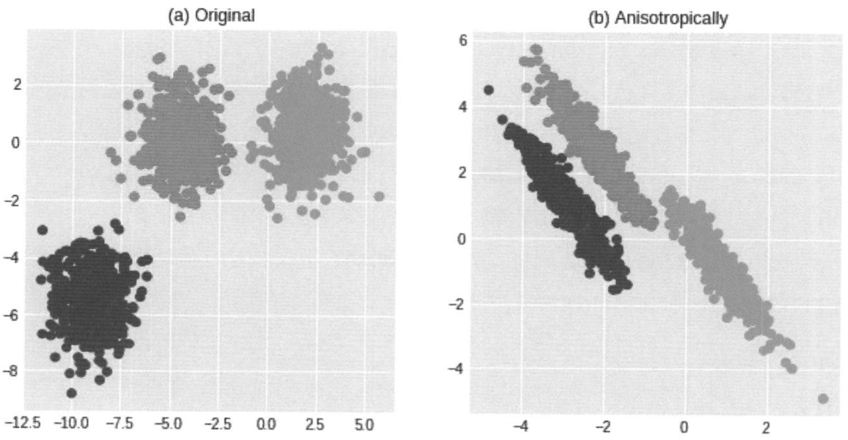

ガウス混合モデルの適用

準備したデータセットに対してガウス混合モデルによるクラスタリングを適用します(**リスト3.10**)。比較のためにガウス混合モデルを適用するケースとk-meansを適用するケースの2ケースを実装しています。

■ リスト3.10　k-meansとガウス混合モデルの適用

```
# 必要なライブラリのインポート
from sklearn.cluster import KMeans
from sklearn.mixture import GaussianMixture
from sklearn.preprocessing import StandardScaler

# データの標準化
X_norm = StandardScaler().fit_transform(X_aniso)

# k-meansの適用（クラスタ数は3）
kmeans = KMeans(n_clusters=3, random_state=5)
```

```
kmeans.fit(X_norm)
kmeans_y_pred = kmeans.predict(X_norm)

# ガウス混合モデルの適用（混合要素数は3）
gmm = GaussianMixture(n_components=3, random_state=5)
gmm.fit(X_norm)
gmm_y_pred = gmm.predict(X_norm)

# クラスタリング結果の可視化
plt.figure(figsize=(15, 5))
plt.subplot(131)
plt.title("(a) true cluster")
plt.scatter(X_norm[:, 0], X_norm[:, 1], c=y, cmap='brg')
plt.subplot(132)
plt.title("(b) k-means cluster")
plt.scatter(X_norm[:, 0], X_norm[:, 1], c=kmeans_y_pred, cmap='brg')
plt.subplot(133)
plt.title("(c) GMM cluster")
plt.scatter(X_norm[:, 0], X_norm[:, 1], c=gmm_y_pred, cmap='brg')
plt.show()
```

● 図3.18 リスト3.10の実行結果

(a) は正解ラベルを用いてクラスタ分けした結果。(b) はk-meansによるクラスタリング結果。(c) はガウス混合モデルによるクラスタリング結果。

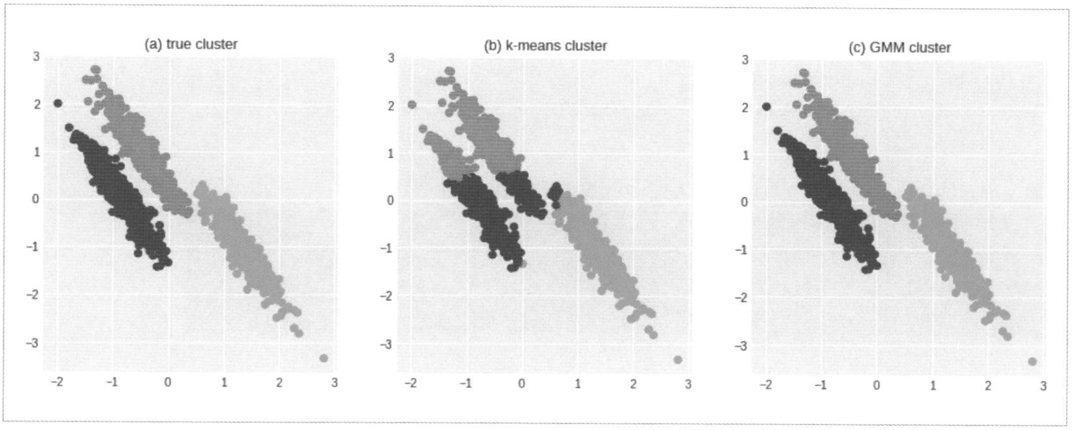

リスト3.10では、scikit-learnのGaussianMixtureのパラメータn_componentsを設定しています。n_componentsはガウス混合モデルにおいて重ね合わせるガウス分布

の数を示します。つまり、この設定値が事前に指定するクラスタ数に相当します。なお、n_componentsという名前は、ガウス混合モデルのような混合モデルにおいて重ね合わせる基本的な分布のことを**混合要素**と呼ぶことからきています。ここでは疑似データを使用しており、事前に正解のクラスタ数がわかっているため、n_componentsは3に設定しています。

図3.18を見てみると、k-means（**図3.18 (b)**）がうまくクラスタリングできてない一方で、ガウス混合モデル（**図3.18 (c)**）は真のクラスタリング結果と合うようにうまくクラスタリングできています。ガウス混合モデルは、3つのガウス分布の平均と共分散を軸方向とは関係なく決めるため、楕円状のかたまりでもうまくクラスタリングできます（k-meansの場合は、同心円状の場合のみ適用可能）。

また、ガウス混合モデルは確率モデルであり、データの発生パターンを表現しているため、**観測データが各クラスタに所属する確率を出力できます**（**リスト3.11**）。scikit-learnでは、predict_probaを使用すれば、各クラスタに対する所属確率を計算できます。たとえば、(−0.5, 0.3)の点の場合は、中央のクラスタ1に所属する確率が高いとわかります（**図3.19**）。

■ リスト3.11　各クラスタに対する所属確率を表示

```
# 新しい入力データのクラスタ所属確率を計算
new_data = [[-0.5, 0.3]]
probs = gmm.predict_proba(new_data)[0]

# 結果の表示
for idx, prob in enumerate(probs):
  print(f'cluster{idx} probability:{prob:.3f}')
```

● 図3.19　リスト3.11の実行結果。各クラスタへの所属確率を示している[注4]

```
cluster0 probability:0.269
cluster1 probability:0.731
cluster2 probability:0.000
```

注4　割り当てられるクラスタラベルの違いによって著者の実行結果と異なる場合があります。

アルゴリズムの詳細な解説（ガウス混合モデルのこころ）

ガウス混合モデルのアルゴリズム、訓練の背後で起きていることを解説します。

観測データをうまく表現するガウス混合モデルを構築するために調整すべきパラメータは3種類、**各ガウス分布の平均μ、各ガウス分布の共分散Σ、混合係数π**です。ここで、混合係数$\boldsymbol{\pi}$とは個々のガウス分布を縮小させる比率のことで、重ね合わせる各ガウス分布の比率の指標になります（各ガウス分布はそれぞれ確率密度の合計が1になっているので、それらを足し合わせて1になるように、縮小させる係数を掛ける必要があります）。

なお、k番目のガウス分布に対する混合係数π_kは$0 \leq \pi_k \leq 1$を満たし、すべての混合係数を足し合わせると1になります。

ガウス混合モデルの3つのパラメータである平均$\boldsymbol{\mu}$、共分散$\boldsymbol{\Sigma}$、混合係数$\boldsymbol{\pi}$を求めるには**EMアルゴリズム**という手法を用います。EMアルゴリズムはガウス混合モデルだけでなく、さまざまなモデルに対して適用可能な汎用性の高いアルゴリズムです。k-meansもEMアルゴリズムの一種になります[21]。ただし、ここからはガウス混合モデルに特化したEMアルゴリズムについて解説していきますのでご注意ください。

ガウス混合モデルにおけるEMアルゴリズムの手順は**図3.20**になります。

● 図3.20 ガウス混合モデルの流れ

はじめに、クラスタ数に相当する混合要素数Kを決め、各ガウス分布の平均と共分散および混合係数の初期値を適当な値に設定します（**図3.20** ①）。

次に、現在のパラメータの値を用いて**負担率**γ_{nk}（γはガンマと発音）を計算します（**図3.20** ②）。負担率とは**観測したn番目のデータx_nが混合要素kのガウス分布（k番目のガウス分布）に属する確率**と解釈でき、**式3.16**で表されます。

$$\gamma_{nk} = \frac{\pi_k N(\boldsymbol{x}_n \mid \boldsymbol{\mu}_k, \Sigma_k)}{\sum_{j=1}^{K} \pi_j N(\boldsymbol{x}_n \mid \boldsymbol{\mu}_j, \Sigma_j)} \tag{3.16}$$

$\boldsymbol{\mu}_k$はk番目のガウス分布の平均、Σ_kはk番目のガウス分布の共分散、π_kはk番目のガウス分布に対する混合係数です。また$N(\boldsymbol{x}_n \mid \boldsymbol{\mu}_k, \Sigma_k)$は多次元のガウス分布で、**式3.17**で表されます。

$$N(\boldsymbol{x}\mid\boldsymbol{\mu},\ \Sigma)=\frac{1}{(2\pi)^{\frac{D}{2}}}\frac{1}{|\Sigma|^{\frac{1}{2}}}\exp\left\{-\frac{1}{2}(\boldsymbol{x}-\boldsymbol{\mu})^{\mathrm{T}}\Sigma^{-1}(\boldsymbol{x}-\boldsymbol{\mu})\right\} \tag{3.17}$$

$|\Sigma|$はΣの行列式です。また、**式3.17**に出てきているπは円周率であり、混合係数ではないことに注意してください[注5]。Dは観測データ$\boldsymbol{x}$の次元数です。

ガウス混合モデルにおけるEMアルゴリズムでは、**式3.16**で表される負担率γ_{nk}を計算するステップをEステップと呼びます。**観測した各データがどのガウス分布に最も高い確率で属するかが負担率の大きさから求まり、ラベリングできるようになります。**n番目のデータ$\boldsymbol{x}_n$が所属するクラスタは、負担率γ_{nk}が最も大きな値になるk番目のガウス分布になります。

負担率を計算したあとは、Eステップで固定していた3つのパラメータの値を更新します（**図3.20** ③）。各パラメータの値はEステップで計算した負担率の値をもとに計算できます。各パラメータの更新式は**式3.18**、**式3.19**および**式3.20**になります。

$$\boldsymbol{\mu}_k^{\mathrm{new}}=\frac{1}{N_k}\sum_{n=1}^{N}\gamma_{nk}\boldsymbol{x}_n \tag{3.18}$$

$$\Sigma_k^{\mathrm{new}}=\frac{1}{N_k}\sum_{n=1}^{N}\gamma_{nk}\left(\boldsymbol{x}_n-\boldsymbol{\mu}_k^{\mathrm{new}}\right)\left(\boldsymbol{x}_n-\boldsymbol{\mu}_k^{\mathrm{new}}\right)^{\mathrm{T}} \tag{3.19}$$

$$\pi_k^{\mathrm{new}}=\frac{N_k}{N} \tag{3.20}$$

Nは入力データの総数で、N_kは**式3.21**で表されます。

$$N_k=\sum_{n=1}^{N}\gamma_{nk} \tag{3.21}$$

このステップはMステップと呼ばれます。**Mステップでは Eステップで求めた負担率（各データのクラスタ所属確率）を用いてパラメータを調整します。**要は所属確率が高いデータたちが最も生成されやすいガウス分布の平均値と分散・共分散を計算しています。そして最終的に、Eステップ（**図3.20** ②）とMステップ（**図3.20** ③）を、値が収束するまで交互に繰り返して最適なパラメータが求められます（**図3.20** ④）。

EMアルゴリズムを使用する理由や前述した式の導出については、難しくなりすぎるため詳細な解説は省略し、本書ではおおまかに解説します。1つのガウス分布だけを仮

注5　定数である円周率と変数である混合係数を区別するために、円周率はイタリックでないπ、混合係数はイタリックのπで記述しています。

定して、観測データからその背後にあるガウス分布の形を求めるのであれば、EMアルゴリズムは必要なく、一度の計算で平均、共分散が求まります。しかし、混合ガウス分布を仮定する場合には、各ガウス分布の平均、共分散だけでなく、混合係数まで求める必要があります。この複雑さから一度の計算ではデータの背後にある混合ガウス分布を求めることができず、EMアルゴリズムを使用する必要があります。

ここでは、ガウス混合モデルにおけるEMアルゴリズムの基本的な枠組みとして、**パラメータを固定したもとでの各データのクラスタ所属確率の計算（Eステップ）とデータのクラスタ所属確率を固定したもとでのパラメータの更新（Mステップ）**を交互に繰り返していることを覚えておいてください。細かい計算式の導出などについてアルゴリズムの大まかな意図を押さえてからでも遅くはありません。さらに理解を深めたい場合は参考文献［21］などを参照してください。

終わりに

ガウス混合モデルを使用するにあたり、データが発生する現象（プロセス）をガウス分布や混合ガウス分布と仮定して良いのかという疑問が湧くかもしれません。確かに、データの真の発生プロセスを表現する確率モデル（真のモデル）は通常、人間にはわかり得ないものです。そのため、まずは最も基本的な確率分布であるガウス分布を組み合わせた混合ガウス分布を使用したガウス混合モデルを適用するのが一般的です。

そして、そこから発展させて、課題に対してより最適な確率モデルを仮定・設計するには、さまざまな確率分布やそれらを組み合わせた混合モデルについての深い知識が必要になります。また、課題に合わせて自らで確率モデルを設計するにはグラフィカルモデルと呼ばれる手法の理解も必要です。確率モデルの設計については難しくなりすぎるため、さらに学習したい場合は参考文献［15］［21］などを参照してください。

本節では、**ガウス混合モデルではデータの複雑な発生現象を解析可能にするために確率モデルという枠組みが用いられること**を覚えておいてください。

以上、本章では教師なし学習の次元圧縮、クラスタリングのそれぞれのタスクを扱う代表的なアルゴリズムを解説・実装しました。さらに、機械学習でよく用いられる正規化のテクニックや、確率モデルの考え方についても紹介しました。次章ではこれまでに紹介してきた代表的なアルゴリズムの背後にある理論を基礎とした発展的アルゴリズムを実装・解説します。

CHAPTER

第4章

実装しながら学ぶ アルゴリズムのこころ・発展編

4.1 本章の目的と概要

第2章、第3章で、教師あり学習および教師なし学習の基本的なアルゴリズムを紹介してきました。ここまでに紹介したアルゴリズム、そして各アルゴリズムの背後にある考え方は、機械学習の発展的手法の基礎となります。機械学習を初めて学ぶ方は前章までに紹介したアルゴリズムを理解してから本章でさらにステップアップに挑戦してみてください。

本章ではまず、ランダムフォレストと同じ、アンサンブル手法の一種である**勾配ブースティング決定木（GBDT：Gradient Boosting Decision Tree）**を紹介します。次に、クラスタリング手法のk-meansやガウス混合モデルで、**最適なクラスタ数**を探索するためのアプローチである**エルボー法**と**シルエット分析**を紹介します。次に、次元圧縮手法の発展的手法である**t-SNE**を紹介します。そして最後に、教師なし学習の手法を用いた**異常検知**アルゴリズムを紹介します。

4.2 勾配ブースティング決定木によるクラス分類

本節では、クラス分類モデルの応用として**勾配ブースティング決定木**（**GBDT：Gradient Boosting Decision Tree**）を解説します。2.7節で紹介したランダムフォレストはバギングと呼ばれるアンサンブル手法の一種でした。一方で、勾配ブースティング決定木はその名称のとおり、**ブースティング**と呼ばれるアンサンブル手法の一種です。勾配ブースティング決定木をさらに発展させた手法（本書では詳細は解説しませんが、XG Boost [29] やLight GBM [30] など）は比較的高い性能が出やすいことから、データサイエンス・コンペティションKaggleなどでも多く利用されているアルゴリズムです。本節では、これらの手法の土台となる勾配ブースティング決定木を解説します。

本節を読み終えた際に整理・定着させておきたい点は次の３点です。

- scikit-learnを用いて勾配ブースティング決定木を実装できる
- 勾配ブースティング決定木は構築した木の予測結果の間違いを修正するような木を逐次的に構築するアンサンブル手法である
- 勾配ブースティング決定木ではearly stoppingというテクニックを使い、学習時間や消費メモリの削減だけでなく過学習も抑制する

アルゴリズムの基本的な流れ、概要

アンサンブル手法のブースティングの一種である勾配ブースティング決定木で実現したい処理を解説します。アンサンブル手法は複数の学習モデルを組み合わせてより強力な学習モデルを構築するアプローチです。アンサンブル手法には、複数のモデルを用意しその多数決をとるバギング、複数のモデルを直列につなげていき、最終的に総合して良いモデルを構築するブースティングが存在します。2.7節で紹介したランダムフォレストは独立に構築した複数の決定木を訓練し、その予測結果の多数決をとるバギングの一種でした。一方で、本節で紹介する勾配ブースティング決定木は独立に複数の木を作

るのではなく、直前に作成した木の予測結果を反映させた木を順番に作成していくブースティングの手法となります[注1]。

勾配ブースティング決定木で実現したいことはランダムフォレストと同様で、複数の決定木を組み合わせて性能が高くかつ過学習しにくい1つの強いモデルを構築することです。勾配ブースティング決定木では1つ前の木が誤分類したデータを重視し、その誤分類データを修正するように次の木を作成していきます（**図4.1**）[注2]。詳細な解説はのちほど行います。ここではまず、逐次的に木を作成するイメージをつかんでおきましょう。

● **図4.1　バギングとブースティングの違い**

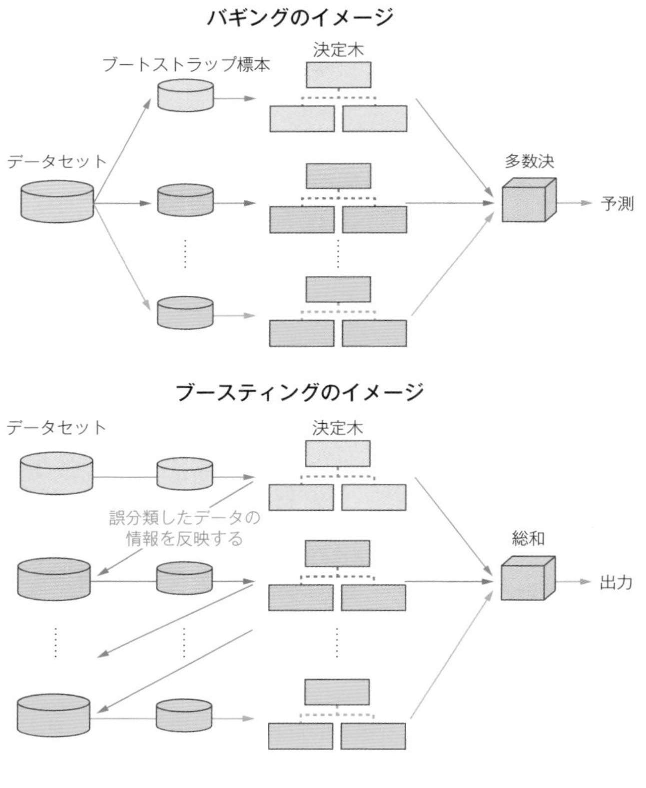

注1　アンサンブル手法は木以外のモデルも使用できますが、本節では解説が煩雑にならないように木を前提にしています。

注2　本節ではクラス分類を前提にしていますが、ランダムフォレストと同様に回帰でも使用できます。回帰の場合は残差を小さくするように次の木を作成していきます。

ブースティングにはほかにもAdaBoostや勾配ブースティングを応用したXG Boost、Light GBMなどがあります。これらの手法が気になる方は参考文献 [23] [29] [30] などを参照してください。

プログラムの実装と実行

データの読み込みと分割

勾配ブースティング決定木を実装していきます。本節の実装ではscikit-learnに用意されているmake_classificationデータを使用します。このデータはクラス分類モデルを検証するために用意された疑似データです。発生させるデータ数はn_samples、クラス数は引数n_classesで指定でき、それぞれ複数の正規分布に従うデータが生成されます。また、特徴量の数はn_featuresで指定できます。そのほかにも各種引数を指定すればさまざまなパターンのデータセットを作成できます。気になる方はscikit-learn公式ドキュメント [31] を参照してください。

本節ではデフォルト値のまま20種類の特徴量（n_features=20）を使用する2クラス分類（n_classes=2）のデータセットを作成します。発生させる疑似データは500点（n_samples=500）とし、データセットを分割します（**リスト4.1**）。

■ リスト4.1　特徴量20種類の2クラス分類用の疑似データを500点作成する

```
# 必要なライブラリのインポート
from sklearn import datasets
from sklearn.model_selection import train_test_split

# データセットの準備
X, y = datasets.make_classification(n_classes=2, n_features=20,
                                    n_samples=500, random_state=0)
X_train, X_test, y_train, y_test = train_test_split(X, y, random_state=0)
```

勾配ブースティング決定木の実装

データの準備ができたので、scikit-learnを使用して勾配ブースティング決定木を適用し、結果を出力します（**リスト4.2**）。決定木やランダムフォレストと同様に、勾配ブースティング決定木もデータの分類に木を使用するため、事前にデータを正規化する必要はありません。

本来はハイパーパラメータの調整に注意が必要ですが、**リスト4.2**では作成する木の数を500（n_estimators=500）とし、そのほかのパラメータはデフォルト値を使用します [32]。また、正解率を比較するために、同じデータセットに対してランダムフォレストも適用します。

■ リスト4.2 Gradient Boostingの適用

```
# 必要なライブラリのインポート
from sklearn import ensemble

# Gradient Boostingを適用
gb = ensemble.GradientBoostingClassifier(n_estimators=500, random_state=0)

# 比較用にRandom Forestを適用
rf = ensemble.RandomForestClassifier(n_estimators=500, random_state=0)

gb.fit(X_train, y_train)
rf.fit(X_train, y_train)

print(f'Gradient Boosting Train score: {gb.score(X_train, y_train)}')
print(f'Randome Forest Train score: {rf.score(X_train, y_train)}')
print(f'Gradient Boosting Test score: {gb.score(X_test, y_test)}')
print(f'Randome Forest Test score: {rf.score(X_test, y_test)}')
```

● 図4.2 リスト4.2の実行結果

```
Gradient Boosting Train score: 1.0
Randome Forest Train score: 1.0
Gradient Boosting Test score: 0.912
Randome Forest Test score: 0.896
```

図4.2の3、4行目を見ると、テストデータに対する勾配ブースティング決定木の正解率が0.912、ランダムフォレストの正解率が0.896になっています。**リスト4.2**のパラメータ設定のもとで比較すると勾配ブースティング決定木がランダムフォレストを上回る結果になりました。なお、扱うデータセットや設定するハイパーパラメータによっては、ランダムフォレストが勾配ブースティング決定木を上回ることもあるので、必ずしも勾配ブースティング決定木のほうが強力であるとは限らないので注意してください。

また、勾配ブースティング決定木は逐次的に木を作成する性質により並列処理ができないため、ランダムフォレストよりも計算時間がかかる欠点もあります。

図4.2に戻ります。1行目を見ると勾配ブースティング決定木の訓練データに対する正解率は1.0です。一方で、3行目のテストデータに対する正解率は0.912と低下しています。訓練データでの正解率とテストデータでの正解率が乖離《かいり》しており、過学習に陥っているため、対策が必要です。

勾配ブースティング決定木では**early stopping**のテクニックを使えば過学習を抑制できます。early stoppingのアプローチの手順は次の3つです。

- 訓練データの一部を検証データとして用意する
- 訓練データで学習した木の予測精度（正解率）を検証データで評価する
- 検証データに対する正解率が変化しなくなれば学習を打ち切る

具体的に**リスト4.2**の場合であれば、変数X_trainの一部を検証データとして確保し、木を作成するたびに検証データで評価します。そして、500個すべての木を作り終わる前に、検証データの正解率が変化しなくなった段階で新しい木の作成をやめ、学習を打ち切ります。

scikit-learnのGradientBoostingClassifierでは、引数の値を変更するだけでearly stoppingを実現できます。具体的には、検証データの割合を示すvalidation_fractionと検証データに対する予測精度（正解率）に変化が見られないときに何回目で学習を打ち切るかを示すn_iter_no_changeを変更します。validation_fractionのデフォルト値は0.1、n_iter_no_changeのデフォルト値はNoneです。n_iter_no_changeがNoneに設定されている場合は、early stoppingが実施されず、validation_fractionの値も使用されません。

リスト4.2では、n_iter_no_change=Noneの勾配ブースティング決定木を適用しているため、early stoppingは実施されていません。**リスト4.3**では、early stoppingありの勾配ブースティング決定木を適用するために、n_iter_no_changeを5、validation_fractionを0.25に設定します。

■ リスト4.3 early stoppingを適用する

```
# early stoppingを実行するGradient Boostingを適用
gbes = ensemble.GradientBoostingClassifier(n_estimators=500,
                                           validation_fraction=0.25,
```

```
                                    n_iter_no_change=5,
                                    random_state=0)
gbes.fit(X_train, y_train)

print(f'GB with early stopping Train score: {gbes.score(X_train, y_train)}')
print(f'GB with early stopping Test score: {gbes.score(X_test, y_test)}')
print(f'The number of estimators: {len(gbes.estimators_)}')
```

● **図4.3 リスト4.3の実行結果**
early stoppingにより過学習が抑制され、テストデータでの正解率が0.92に向上した。44番目の木で学習が打ち切られている。

```
GB with early stopping Train score: 0.9653333333333334
GB with early stopping Test score: 0.92
The number of estimators: 44
```

図4.3を見ると、訓練データへの正解率は1.0から0.965へと低下したものの、テストデータへの正解率は0.912（**図4.2**の3行目）から0.92に向上しています。

このようにテストデータへの性能が高くなり、かつ訓練データでの性能とテストデータでの性能差が小さくなっていることから、過学習を抑制できていると考えられます。

また、early stoppingされるまでに作成した木の数はestimators_で取得でき、本実装の場合は44番目の木を作成した段階で学習が打ち切られています。作成する木の数が少ないことは実計算時間とメモリの削減にもなります。つまり、early stoppingは実計算時間とメモリを削減しつつ、過学習を抑制できます。以上が勾配ブースティング決定木の実装となります。

アルゴリズムの詳細な解説（勾配ブースティング決定木のこころ）

勾配ブースティング決定木の背後で起きていることを解説します。勾配ブースティング決定木は**勾配降下法（最急降下法とも言う）**をベースとしています。本項ではまず勾配降下法について解説します。そして、勾配ブースティング決定木が勾配降下法を用いてどのように逐次的に木を作成していくかを解説します。

勾配降下法

勾配ブースティング決定木のベースとなる**勾配降下法**について解説します。勾配降下法は目的関数を最小化するための最適化手法の1つです。本書では取り扱いませんが、ディープラーニングなどのニューラルネットワーク系のモデルでも用いられるため、重要な技術です。なお、実装ではクラス分類に勾配ブースティング決定木を適用していましたが、ここからは回帰問題に切り替えて勾配降下法の解説を進めていきます。なぜ回帰問題を考えるかについては、本節の後半で解説する勾配ブースティング決定木の性質を知ればわかります。ひとまず解きたいタスクを回帰問題に置き換えて読み進めてください。

2.2節の線形回帰モデルで解説した最小二乗法を思い出してください。最小二乗法は訓練データを最もよく表現する重みパラメータ $\boldsymbol{w}$ を求める手法で、**式2.5**で示した誤差の2乗の総和が最小になるようにパラメータ $\boldsymbol{w}$ の値を調整するアプローチでした。

$$\mathrm{E}(\boldsymbol{w})=\frac{1}{2}\sum_{i=1}^{N}(y_i-\hat{y}_i)^2 \tag{2.5 再掲}$$

そして、$\mathrm{E}(\boldsymbol{w})$を最小にするパラメータ $\boldsymbol{w}$ を求める方法としてムーアペンローズの一般逆行列を用いると説明しました。実は$\mathrm{E}(\boldsymbol{w})$を最小にするパラメータ $\boldsymbol{w}$ を求めるアプローチはほかにもあります。その別手法の1つが勾配降下法です。

縦軸を$\mathrm{E}(\boldsymbol{w})$、横軸を $\boldsymbol{w}$ とした場合、最小化したい$\mathrm{E}(\boldsymbol{w})$は下に凸の関数になり、**図4.4**のグラフで表現されます。いま私たちがほしいのは$\mathrm{E}(\boldsymbol{w})$を最小にするパラメータ $\boldsymbol{w}$ の値です。つまり、**図4.4**のグラフの底の位置での $\boldsymbol{w}$ の値を知りたいです。どのようにすれば$\mathrm{E}(\boldsymbol{w})$が最小となる位置を見つけられるでしょうか。

直感的には関数を谷として考え、ある初期地点から赤丸を転がして最終的に停留した谷底を、$\mathrm{E}(\boldsymbol{w})$が最小となる位置とすれば良さそうです。

● **図4.4 勾配降下法のイメージ**

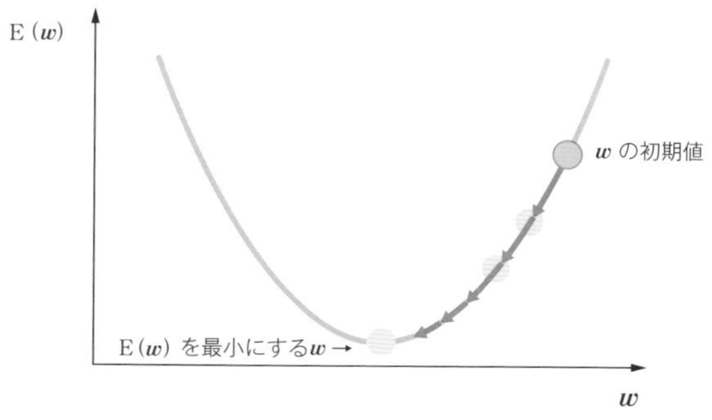

赤丸が谷底で停留するまでの直感的なプロセスを数式で置き換えていきましょう。必要な情報は大きく2つで、赤丸を**動かす方向**と**距離**です。

まず、動かす方向の決め方です。**図4.4**の赤丸の地点では $\boldsymbol{w}$ の値を小さくする方向（**図4.4**では左方向）に動かせば良いです。この方向を定めるために赤丸の現在の位置での**勾配**の情報を利用します。勾配はその地点での傾きを表しており、$\mathrm{E}(\boldsymbol{w})$を $\boldsymbol{w}$ で微分すれば求められます。いま赤丸の初期地点（$\boldsymbol{w}$ の初期値）での勾配の傾きは正の値です。一方で、赤丸を動かしたい方向は負の方向（$\boldsymbol{w}$ を小さくする方向）です。仮に**図4.4**の赤丸が谷のちょうど反対側にある場合、勾配の傾きは負の値になるので $\boldsymbol{w}$ を動かしたい方向は正の方向（$\boldsymbol{w}$ を大きくする方向）になります。つまり、**勾配の傾きの値の符号と逆方向に赤丸を動かせば良い**です。

次に、動かす距離の決め方です。直感的には、谷底から離れているほど大きく動かし、谷底に近づくにつれて動かす距離を小さくしたいです。これは勾配の傾きの大きさをそのまま利用すれば実現できます。谷底から遠いほど勾配が急なため傾きの絶対値は大きく、谷底に近づくにつれて勾配が緩やかになり傾きは0に近づいていきます。つまり、勾配の値をパラメータ $\boldsymbol{w}$ の大きさの更新時にそのまま使えば良いです。

勾配を計算すれば重みパラメータ $\boldsymbol{w}$ を動かす方向と距離が定められることがわかりました。この関係性を式で表すと j 番目の重み w_j の更新式は**式4.1**および**式4.2**で表されます。

$$w_j^{\mathrm{new}} = w_j^{\mathrm{old}} - \eta \frac{\partial \mathrm{E}(w_j^{\mathrm{old}})}{\partial w_j^{\mathrm{old}}} \tag{4.1}$$

$$\frac{\partial \mathrm{E}(w_j^{\mathrm{old}})}{\partial w_j^{\mathrm{old}}} = \frac{\partial}{\partial w_j^{\mathrm{old}}} \frac{1}{2} \sum_i (y_i - \hat{y}_i)^2 = \sum_i (y_i - \hat{y}_i) x_{ij} \tag{4.2}$$

w_j^{new} は j 番目の重みパラメータの更新後の値、w_j^{old} は更新前の値です。また、η は学習率と呼ばれるハイパーパラメータです。勾配降下法は**式4.1**および**式4.2**で繰り返し重みを更新し、w_j^{new} の値が収束した地点を最適な重みとします。

式4.1をもう少し詳しく見ていきます。右辺では更新前の重み w_j^{old} から（学習率×勾配）の値を引き算しています。引き算になっているのは、勾配の符号と逆方向に動かしたいからです。勾配が正であれば負の方向に、負であれば正の方向に動かしたいので符号が反転するようにマイナスにして動かす方向を決定しています。また、動かす距離は（学習率×勾配）で決定しています。学習率を掛け算せず勾配の値のみでは、動かす距離が大きすぎて谷底を超えて反対側にまで動いてしまうため、学習率で一度に動かす距離を調整します。つまり、学習率が大きすぎると値が収束しなかったり（**図4.5 (a)**）、逆に小さすぎると更新回数が多くなったり（**図4.5 (b)**）、局所的な谷から抜け出せなくなるので学習率の値の設定に注意が必要です。

● 図4.5 学習率が大きすぎる場合と、学習率が小さすぎる場合の重みの更新の様子

(a) 学習率が大きすぎる場合　(b) 学習率が小さすぎる場合

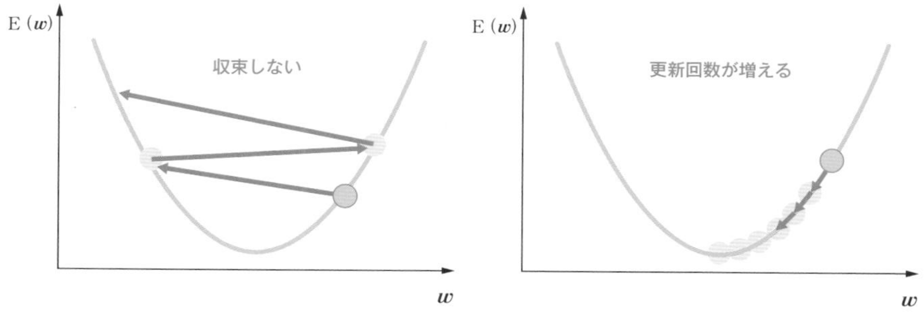

なお、**式4.2**の偏微分結果の導出は、数式が多くなってしまうので本書では実施しませんが、計算過程や勾配法の詳細が気になる方は参考文献 [14] [23] などを参照してください。ちなみに、二乗和誤差$\mathrm{E}(\boldsymbol{w})$に1/2が掛けられていたのは、**式4.2**で勾配を求めるときに$(y_i - \hat{y}_i)^2$の微分操作で生まれる2を相殺して計算の都合を良くするためです。

勾配ブースティング決定木による木の作成

勾配ブースティング決定木ではどのようにして逐次的に木が作成され、また、勾配降下法がどこで使用されるかを解説します。勾配ブースティング決定木のポイントは**1つ前の木の予測と正解データの残差を計算し、次の木の予測に反映させる**ことです。木が順番に作られていく流れに沿ってアルゴリズムの詳細を見ていきます。

以降の解説は数式をなるべく使わないで木の作成手順のポイントを説明します (英語ですが、とても丁寧に説明されている動画 [33] もぜひ参考にしてください)。数学に慣れている方やアルゴリズムのより詳細な計算過程を知りたい方は参考文献 [34] などもぜひ参照してください。

木が作成される様子を解説します。勾配ブースティング決定木を適用する例題データセットとして**表4.1**を考えます。年齢とコーヒーが好きか否かの2つの特徴量から読書が好きかどうかを予測する2クラス分類問題です。ただし、2.4節のロジスティック回帰の考え方と同じく、分類確率という数値を回帰することになります。

▼ 表4.1　勾配ブースティング決定木を適用する例題データセット

調査対象者	年齢	コーヒーが好き（はい：1、いいえ：0）	読書が好き（はい：1、いいえ：0）
A	26	1	1
B	32	0	1
C	34	0	0
D	12	0	0
E	16	1	1
F	31	1	1

最初の木$F_0(x)$の作成を行います。勾配ブースティング決定木は木を重ねる手法と説明しましたが、最初の木の場合、重ねる前の木というものが存在しません。そこでまずは訓練データの目的変数「読書が好き」の情報だけから分類した場合に、どうなるのかを考えます。

今回は調査対象者が合計6人いて、「読書が好き」の人数は4人です。この情報をもとに分類したとします。

ここで**オッズ**という概念を使用します。オッズとはその事象の起こりやすさを示すもので、ここでは（読書が好きの人の割合）/（読書が好きでないの人の割合）で計算します。勾配ブースティング決定木ではこのオッズの対数（対数オッズ）をロジスティック関数に当てはめて、「読書が好き」と分類される確率を求めます。

まず、対数オッズは、**式4.3**で表されます。

$$\log(\mathrm{odds}) = \log\frac{4/6}{1-4/6} = \log(2) = 0.69 \approx 0.7 \tag{4.3}$$

この対数オッズの計算結果は今回たまたま0.7でしたが、実際には対数オッズは実数値の全範囲の値を取りえます。そのため、この計算結果を0〜1の範囲に変換するためにロジスティック関数に当てはめて分類確率pに変換します[注3]。

$$p = \frac{1}{1+\exp(-\log(\mathrm{odds}))} = \frac{1}{1+\exp(-0.7)} = 0.66 \approx 0.7 \tag{4.4}$$

よって、「読書が好き」と予想される確率が0.7とわかりました。ここまで機械学習の作法的にオッズやロジスティック回帰で計算しましたが、上記の計算は、（読書が好き）/（全人数）＝4/6 を計算したのと同じです。

対数オッズを使うことで、重ねる前の木が何もない状態から「読書が好き」と最初に

注3　あとの計算を簡単にするためここでは小数点以下1桁に丸めています。

分類される確率が求まりました。続いて、正解ラベル y と分類確率 p の差 $(y-p)$ を残差として初期化します。各調査対象者に対して残差を計算し、**表4.1** に分類確率の列と残差の列を追加した結果を**表4.2** に示します。

▼ **表4.2 分類確率と残差の計算結果の列を追加した表**

調査対象者	年齢	コーヒーが好き（はい:1、いいえ:0）	初期の残差	初期の分類確率	読書が好き（はい:1、いいえ:0）
A	26	1	0.3	0.7	1
B	32	0	0.3	0.7	1
C	34	0	−0.7	0.7	0
D	12	0	−0.7	0.7	0
E	16	1	0.3	0.7	1
F	31	1	0.3	0.7	1

ここから最初の木 $F_0(x)$ の作成を行います。ここでは、木の最大の深さを2にして**図4.6** で示した決定木を構築します。

● **図4.6 最初に構築した決定木 $F_0(x)$**

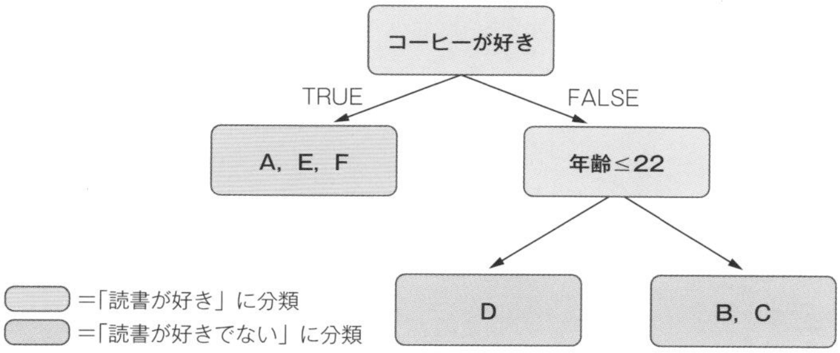

図4.6 において、赤色で示したリーフに分類された人は読書が好き、緑色で示したリーフに分類された人は読書が好きでないと分類しています。A、E、Fさんが正解どおり「読書が好き」に分類されています。また、D、B、Cさんは「読書が好きでない」と分類されていますが、実際にはBさんは読書が好きなので誤分類の状態です。

続いて、この最初の決定木 $F_0(x)$ のリーフごとの予測値 γ を求めます。どのようにしてこの決定木のリーフごとの予測値 γ を求めるのかですが、初期の残差を利用して以下のように計算します。

まず、調査対象者ごとに初期化した残差を**図4.6** で示した木に当てはめます。勾配ブースティング決定木によるクラス分類では決定木のリーフを残差の値に変換します。

つまり、**図4.6**に示した最初の木を**図4.7**の木に変換します。

● 図4.7　最初の木$F_0(x)$に初期の残差の値を代入した結果

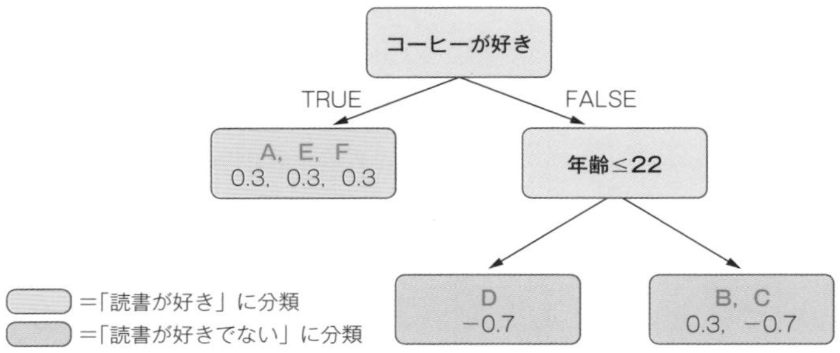

図4.7を見ると赤色と緑色で示したリーフに複数個の残差の値が入っているものがあります。そこでリーフごとに**式4.5**で1つの予測値γに変換します。

$$\gamma = \frac{\text{リーフ内の残差の総和}}{\sum(\text{分類確率}\times(1-\text{分類確率}))} \tag{4.5}$$

たとえば、**図4.7**の左端の赤色のリーフであれば、**式4.6**の計算結果になります。

$$\gamma = \frac{0.3+0.3+0.3}{(0.7\times0.3)+(0.7\times0.3)+(0.7\times0.3)} = 1.42 \approx 1.4 \tag{4.6}$$

γをリーフごとに計算して木に反映した結果を**図4.8**に示します。これで最初の木$F_0(x)$の完成です。

● 図4.8　リーフ内の残差を1つの値に変換した結果

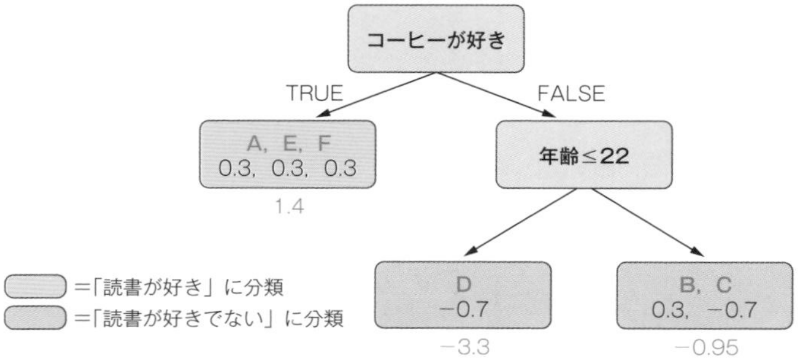

次に、完成した最初の木$F_0(x)$の予測値γを使って分類確率を更新します。新しい分類確率は、リーフごとに求めた予測値γを使用して計算した値をロジスティック関数に当てはめて計算します。たとえば**表4.2**のAさんの分類確率であれば、**式4.7**で計算します。

$$\text{新しい分類確率} = \frac{1}{1+\exp(-z)} = \frac{1}{1+\exp(-1.4)} = 0.8 \tag{4.7}$$

ただし、**式4.7**の変数zは以下で計算された値です。

$$z = \text{初期の分類確率} + \text{学習率} \times \text{予測値}\gamma = 0.7+0.5\times1.4 = 1.4 \tag{4.8}$$

ハイパーパラメータである学習率の値は説明の都合上0.5に設定していますが、一般的には0.1あたりの数値が使われることが多いです。

各調査対象者に対して同様に新しい分類確率を計算すると、**表4.3**の結果が得られます。

▼ **表4.3　表4.2の初期の分類確率の列を更新後の分類確率に書き換えた表**
更新後の分類確率が表4.2から変化している。

調査対象者	年齢	コーヒーが好き（はい:1、いいえ:0）	初期の残差	更新後の分類確率	読書が好き（はい:1、いいえ:0）
A	26	1	0.3	0.8	1
B	32	0	0.3	0.5	1
C	34	0	−0.7	0.5	0
D	12	0	−0.7	0.3	0
E	16	1	0.3	0.8	1
F	31	1	0.3	0.8	1

ここまでの操作により、1つめの木と新たな分類確率が求まりました。

続いて、2つめの木$F_1(x)$を作成します。2つめの木は、最初の木$F_0(x)$の分類確率の残差に適合するように学習していきます。2つめの木$F_1(x)$が作成される様子を見ていきます。

まずは1つめの木を作成したときと同じく残差を計算します。残差の計算は最初の木の作成時と同様に、正解ラベルと分類確率の差をとります。**表4.3**の初期の残差を更新後の残差に書き換えた結果が**表4.4**になります。

▼ 表4.4　表4.3の初期の残差の列を更新後の残差に書き換えた表

調査対象者	年齢	コーヒーが好き（はい:1、いいえ:0）	更新後の残差	更新後の分類確率	読書が好き（はい:1、いいえ:0）
A	26	1	0.2	0.8	1
B	32	0	0.5	0.5	1
C	34	0	−0.5	0.5	0
D	12	0	−0.3	0.3	0
E	16	1	0.2	0.8	1
F	31	1	0.2	0.8	1

残差を更新できました。続いて2つめの木$F_1(x)$は、この残差にフィット（回帰）するように木を作成します。分類問題では情報利得を最大にするように木を作成しましたが、回帰問題では二乗和誤差を最小にするように木を作成します。**表4.4**で示した残差にフィットさせ、各リーフの予測値γを求めた木が**図4.9**になります。予測値γの計算は最初の木と同様に**式4.5**で計算します。

● 図4.9　残差にフィットさせて作成した2つめの木$F_1(x)$

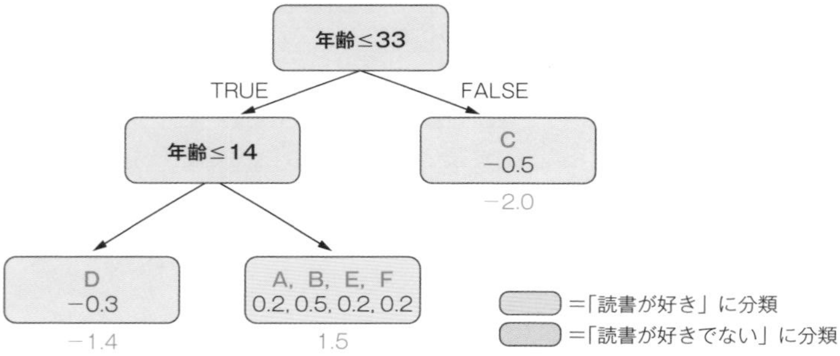

図4.9で示した木の分割ルールを用いると、A、B、E、Fさんが正解どおり「読書が好き」に分類されています。また、C、Dさんは「読書が好きでない」に分類されています。

すべてのリーフにおいて読書が好きか否かのどちらかで調査対象者がきれいに分類され、**図4.8**の最初の木では誤分類していたBさんの分類結果が修正されました。

ここまでの操作で、2つめの木$F_1(x)$が完成しました。続いて、この学習した勾配ブースティングモデルに新たなデータが入力された場合のラベルを予測する計算方法を解説します。たとえば新しく調査対象者Gさんのデータ（年齢, コーヒーが好き）=(27, 1)が得られたとします。このときGさんの予測値は次のように計算されます。

まず、**図4.8**で示した1つめの木$F_0(x)$にGさんのデータを当てはめます。Gさんはコーヒーが好き＝Trueなので一番左のリーフに割り当てられます。そして、割り当てられたリーフの予測値$\gamma=1.4$を用いて以下の計算式を組み立てます（計算式はまだ完成ではありません）。

$$\text{初期の分類確率}+(\text{学習率}\times\text{木}F_0(x)\text{の予測値}\gamma)=0.7+(0.5\times1.4) \tag{4.9}$$

次に、**図4.9**で示した2つめの木$F_1(x)$にGさんのデータを当てはめます。Gさんは年齢が27歳なので左から2番目のリーフに割り当てられます。そして、割り当てられたリーフの予測値$\gamma=1.5$を用いて**式4.9**に新しい項を追加します。具体的には以下の式になります。

$$\begin{aligned}&\text{初期の分類確率}+(\text{学習率}\times\text{木}F_0(x)\text{の予測値}\gamma)\\&+(\text{学習率}\times\text{木}F_1(x)\text{の予測値}\gamma)=0.7+(0.5\times1.4)+(0.5\times1.5)\end{aligned} \tag{4.10}$$

今回は作成する木を2つに設定しているので、最終的にGさんの予測値は以下になります。

$$G\text{さんの予測値}=0.7+(0.5\times1.4)+(0.5\times1.5)=2.2 \tag{4.11}$$

そして、予測値2.2をロジスティック関数に当てはめるとGさんの分類確率は以下になります。

$$G\text{さんの分類確率}=\frac{1}{1+\exp(-2.2)}=0.9 \tag{4.12}$$

よって、今回構築した勾配ブースティング決定木ではGさんは「読書が好き」に分類されます。

今回の例題ではデータ例の都合上、木は2つしか作成しませんでしたが、3つめ以降の木を作成する場合も木の作り方、各リーフの予測値γの計算方法、最終的な分類確率の計算方法はすべて同じで、作成する木の数だけ前から順番に計算を繰り返すことになります。

最後に、勾配ブースティング決定木で勾配降下法が用いられる点について解説します。難しくなりすぎないように重要なポイントだけ解説します。計算式の導出方法などの詳細が気になる方は参考文献［34］などを参照してください。

前述の例題では残差の計算は（正解ラベル－分類確率）で計算していました。実はこの残差の計算式は、**式4.13**から導出されています。

$$m\text{番目の木の残差} = -\left[\frac{\partial L(y,\ F(x))}{\partial F(x)}\right]_{F(x)=F_{m-1}(x)} = (\text{正解ラベル}-\text{分類確率}) \quad (4.13)$$

難しくなりすぎるため式の導出は省略しますが、**式4.13**では正解ラベルyと$m-1$番目の木$F_{m-1}(x)$の誤差を表す損失関数$L(y,\ F(x))$の勾配を求めています。勾配ブースティング決定木では、次の木の残差、つまり損失関数$L(y,\ F(x))$の勾配を小さくしていくことが目標になります。そして、木を逐次的に作成していきながら損失関数$L(y,\ F(x))$の勾配を小さくしていく処理に勾配降下法が応用されています。

勾配降下法による**式4.13**の損失関数$L(y,\ F(x))$の最小化は次の3つのステップを繰り返すことに対応しています。

①**式4.5**でリーフごとの残差の値を1つの予測値γに変換する
②（前の木の分類確率＋学習率×予測値γ）の計算結果をロジスティック関数に当てはめ、分類確率を計算する
③（正解ラベル－分類確率）で残差を計算する。つまり、損失関数$L(y,\ F(x))$の勾配を計算する

ステップ②でロジスティック関数に当てはまる値を計算する計算式（**式4.8**、**式4.9**などに）に着目すると、**式4.1**で示した勾配降下法の更新式と同じ形になっていることがわかります。ただし、（学習率×予測値γ）の項は引き算ではなく足し算されています。これは予測値γの計算に使われる残差が、損失関数$L(y,\ F(x))$の勾配を負の値に変換した値であるためです（**式4.13**）。以上が、勾配ブースティング決定木で勾配降下法が用いられるポイントになります。

勾配ブースティング決定木の流れをまとめると**図4.10**になります。

● 図4.10 勾配ブースティング決定木の流れ（クラス分類への適用時）

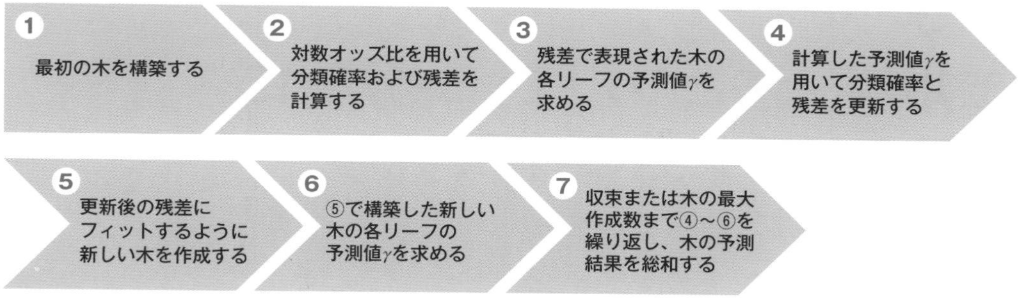

終わりに

本節で解説した勾配ブースティング決定木（GBDT）以外にも、ブースティングにはAdaBoostや勾配ブースティングを応用したXG Boost、Light GBMなどがあります[23] [29] [30]。これらの手法にもゆくゆくはぜひ挑戦してみてください。

また、勾配ブースティング決定木と同様に、これらブースティング手法はearly stoppingを使用しないと、訓練データの誤差がなくなるまで（もしくはデフォルトで設定している木の数まで）、ブースティングするため、過学習になります。これらの手法ではearly stoppingが重要である点にはぜひ気をつけてください。

なお、本節でアルゴリズム解説に使用した例題の実装コード（4-2-ex_GradientBoostingTree.ipynb）は、著者のGitHubもしくは技術評論社サポートページからダウンロードできます。

4.3 エルボー法とシルエット分析によるクラスタ数の探索

本節では、教師なし学習において最適なクラスタ数を探索する手法である**エルボー法**と**シルエット分析**について解説します。

第3章で紹介したk-meansやガウス混合モデルによるクラスタリングでは、事前に決め打ちでクラスタ数を設定していました。これはクラスタリングをする対象が疑似データセットであり、正解のクラスタ数があらかじめ既知であったからです。しかしながら、実ビジネス（や研究）においてクラスタリングを適用する際には、最適なクラスタ数は不明です。そこで本節ではクラスタリング結果の性能を定量化して評価し、最適なクラスタ数を探索および決定するための2つの手法を紹介します。

本節を読み終えた際に整理・定着させておきたい点は次の3点です。

- scikit-learnを用いてエルボー法とシルエット分析を実装できる
- エルボー法はk-meansクラスタリングの性能をクラスタ内誤差平方和（SSE）で評価し、最適なクラスタ数を決定する
- シルエット分析はk-meansおよびそのほかのクラスタリング手法の性能をシルエット係数で評価し、最適なクラスタ数を決定する

アルゴリズムの基本的な流れ、概要

エルボー法とシルエット分析で実現したい処理を解説します。前述したように、本節で実現したいことは最適なクラスタ数を探索および決定することです。2つの手法はともにクラスタ数を変えながら各クラスタリング結果の性能を比較評価して最適なクラスタ数を探索します。ただし、真のクラスタ数は実際にはわからないことに注意してください（そのため、エルボー法やシルエット分析を使用したからといって、決定したクラスタ数が必ずしも正解のクラスタ数と一致するとは限りません）。

まず、エルボー法で実現したいことを解説します。たとえば、3つのクラスタから発

生させた疑似データに対して、エルボー法を適用した結果が**図4.11**です（こちらを作成する実装コードはのちほど紹介します）。

● 図4.11　疑似データとそれにエルボー法を適用した結果

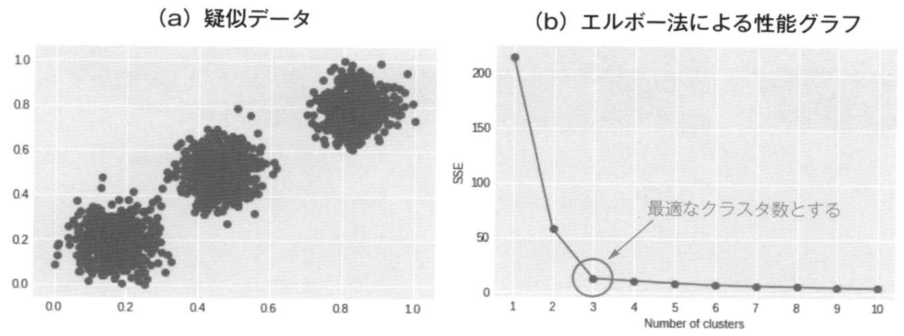

エルボー法は**図4.11 (b)** に示したグラフから最適なクラスタ数を決定します。グラフの縦軸は**クラスタ内誤差平方和（SSE）**と呼ばれる指標、横軸がクラスタ数です。クラスタ内誤差平方和の詳細な数式についてはのちほど紹介します。ここでは、クラスタ内誤差平方和とは「各クラスタの所属するデータ点がどれくらい凝集しているのかを示す指標」だと認識してください。

クラスタに所属するデータがクラスタの重心付近に集まっていればクラスタ内誤差平方和は小さくなり、クラスタ重心に対して広くバラバラに分布していればクラスタ内誤差平方和は大きな値になります。エルボー法ではクラスタ数（横軸の値）を増やしながら、クラスタ内誤差平方和（縦軸の値）が急速に変化する点を探します。**図4.11 (b)** のグラフの場合、赤丸で囲ったクラスタ数＝3の点を最適なクラスタ数とします。クラスタ内誤差平方和の値が大きく変化する分岐点がエルボー（ひじ）に似ているため、エルボー法と呼びます（**図4.11 (b)** の場合クラスタ数3がエルボー）。発生させた疑似データのクラスタ数3と一致する結果を探索できています。

次に、シルエット分析で実現したいことを解説します。たとえば、**図4.11 (a)** の疑似データ（クラスタ数＝3）に対してシルエット分析を実施した結果を**図4.12**に示します（こちらものちほど実装コードを紹介します）。

● 図4.12　図4.11 (a) の疑似データに対してシルエット分析を適用した結果

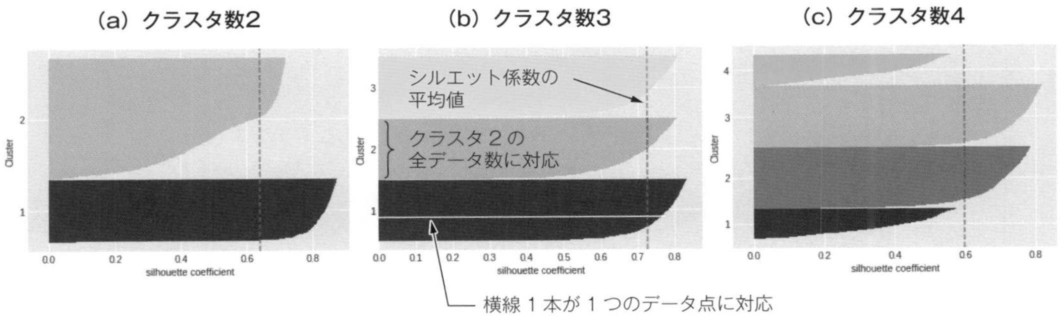

図4.12では (a) にクラスタ数2のときのシルエット図、(b) にクラスタ数3のときのシルエット図、(c) にクラスタ数4のときのシルエット図を可視化しています。縦軸が各クラスタ番号、横軸が**シルエット係数**です。シルエット係数の平均値 (**図4.12**の縦方向の赤点線) はクラスタリング結果全体の良さを表し、値は－1～1を取ります。1に近づくほど良いクラスタリング結果と評価します。シルエット係数の計算方法はのちほど解説します。

また、色分けしている各クラスタのシルエット図は横線1本 (たとえば**図4.12 (b)** の白線) が1つのデータ点に対応しており、グラフの厚みはクラスタに所属するデータ数に対応します。シルエット分析では、クラスタ数ごとのシルエット図の形状やシルエット係数の平均値を評価することで最適なクラスタ数を決定します。たとえば、**図4.12**の3つのグラフの場合、シルエット係数の平均値がクラスタ数2は0.63付近、クラスタ数3では0.72付近、クラスタ数4では0.59付近であるため、クラスタ数3が良いと判断できます。

先述のとおり、シルエット図の横線の1本1本は1つのデータ点に対応しているため、極端に短い横線のデータ点がある場合 (シルエット係数の低いデータ)、そのデータ点は所属するクラスタ内での外れ値であることを表しています。たとえば、**図4.12 (a)** の緑のクラスタの下側あたりのデータ点や、**図4.12 (c)** のオレンジ色のクラスタのようにシルエットの形状がいびつな形になっているものは、同じクラスタに分類されたデータでも、データごとに特徴が異なっておりクラスタリングの結果が不安定である可能性を示唆しています。

プログラムの実装と実行（エルボー法）

データの準備

まず、データを準備します。本節の実装では、3.3節のk-meansで適用した疑似データmake_blobsを使用します[注4]。正規化して特徴量のスケールはそろえておきます（**リスト4.4、図4.13**）。

■ リスト4.4 データの分布の可視化

```
# 必要なライブラリのインポート
import matplotlib.pyplot as plt
from sklearn.datasets import make_blobs
from sklearn.preprocessing import MinMaxScaler
plt.style.use('seaborn-darkgrid')

# データセットの準備
X, y = make_blobs(n_samples=1500, n_features=2, centers=2, random_state=3)

# データの正規化
X_norm = MinMaxScaler().fit_transform(X)

# データの分布傾向の可視化
plt.scatter(X_norm[:, 0], X_norm[:, 1])
plt.title("Blobs Data")
plt.show()
```

● 図4.13 リスト4.4の実行結果

正規化により2つの特徴量のスケールをそろえている。

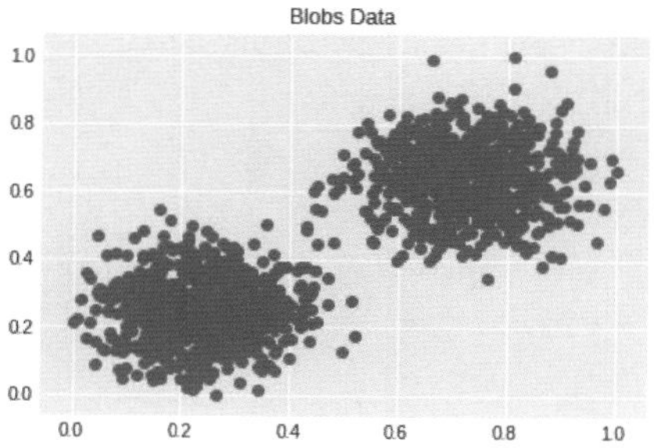

注4　random_stateの値のみ変更しています。

エルボー法の実装

それでは、エルボー法によるクラスタリングの性能評価グラフを出力してみます。1～10までクラスタ数を変化させるようにfor文をまわし、各クラスタ数におけるクラスタ内誤差平方和をプロットします（**リスト4.5**）。

なおscikit-learnのKMeansオブジェクトではクラスタ内誤差平方和を別途計算する必要がありません。データに適合させたKMeansオブジェクトのinertia_で値を出力できます。

■ **リスト4.5　エルボー法によるクラスタリングの性能評価**

```
# 必要なライブラリのインポート
from sklearn.cluster import KMeans

# クラスタ内誤差平方和を格納するリスト
sse = []

for i in range(1, 11):
  # k-meansの適用
  kmeans = KMeans(n_clusters=i, random_state=0)
  kmeans.fit(X_norm)
  # クラスタ内誤差平方和をリストに追加
  sse.append(kmeans.inertia_)

# クラスタリング結果の可視化
plt.ylabel('SSE')
plt.xlabel('Number of clusters')
plt.xticks(range(1,11))
plt.plot(range(1,11), sse, marker='o')
plt.show()
```

● **図4.14 リスト4.5の実行結果**

最適なクラスタ数2がクラスタ内誤差平方和の急激な変化点になっている。

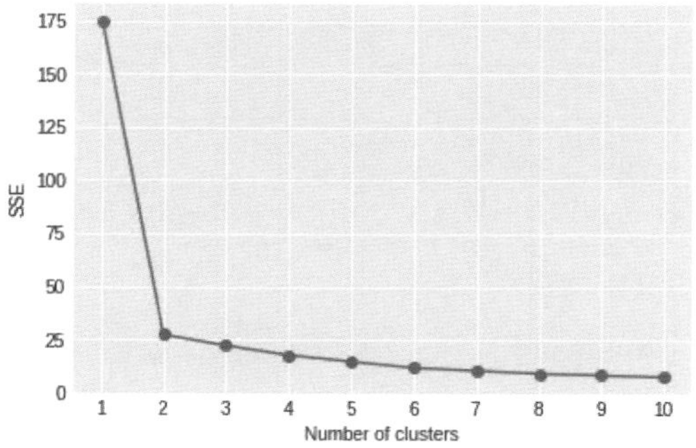

図4.14を見てみると、準備したデータセットの最適なクラスタ数である2を起点にクラスタ内誤差平方和の値が急激に変化しています。エルボー法では、この分岐点を最適なクラスタ数とします。よって、**図4.14**のエルボー法の結果より、本来は未知であった最適なクラスタ数＝2を求めることができました。

発生させる疑似データのクラスタ数を3に変化させてエルボー法を試してみましょう（**リスト4.6**）。クラスタ数はmake_blobsの引数centersで変更できます。

■ **リスト4.6 クラスタ数を3に変更した疑似データセットにエルボー法を適用**

```
# データセットの準備（クラスタ数を3に設定）
X, y = make_blobs(n_samples=1500, n_features=2, centers=3, random_state=2)

# データの正規化
X_norm = MinMaxScaler().fit_transform(X)

# クラスタ内誤差平方和を格納するリスト
sse = []

for i in range(1, 11):
  # k-meansの適用
  kmeans = KMeans(n_clusters=i, random_state=0)
  kmeans.fit(X_norm)
  # クラスタ内誤差平方和をリスト追加
  sse.append(kmeans.inertia_)
```

```
# クラスタリング結果の可視化
plt.ylabel('SSE')
plt.xlabel('Number of clusters')
plt.xticks(range(1,11))
plt.plot(range(1,11), sse, marker='o')
plt.show()
```

● **図4.15　リスト4.6の実行結果**
クラスタ数が3のところが変化点になっている。

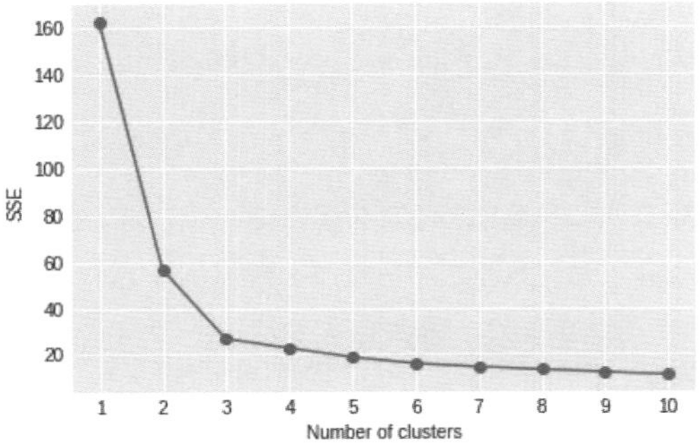

図4.15を見てみると、正しくクラスタ数3のところでグラフが分岐しています。以上が、エルボー法の実装です。

アルゴリズムの詳細な解説（エルボー法のこころ）

エルボー法でクラスタリングの性能評価値に用いたクラスタ内誤差平方和について説明します。3.3節のk-meansのアルゴリズム解説と同様に、$\boldsymbol{x}_i$をi番目のデータ、$\boldsymbol{\mu}_j$をj番目のクラスタの重心としたとき、クラスタ内誤差平方和は次の**式4.14**で表されます。

$$\mathrm{SSE} = \sum_{i=0}^{n}\sum_{j=1}^{k} w^{(i,j)} \| \boldsymbol{x}_i - \boldsymbol{\mu}_j \|^2 \tag{4.14}$$

$w^{(i,j)}$はi番目のデータ$\boldsymbol{x}_i$がクラスタjに割り当てられていたら1、割り当てられていなかったら0になります。$\| \boldsymbol{x}_i - \boldsymbol{\mu}_j \|^2$は**式3.13**で示したデータ点とクラスタの重心との距離です。つまり、SSEはクラスタ内の全データと重心の距離の総和をクラスタごとに計算して足し合わせた値です。この値はk-meansでクラスタリングするときに最

小化している値です。そのため、k-meansの学習段階でクラスタ内誤差平方和は計算されており、別途計算する必要がありません。

なお重要な点ですが、エルボー法はクラスタ内誤差平方和を最小化するアプローチでないクラスタリング手法（ガウス混合モデルなど）には適用できません。続いて、k-means以外のクラスタリング手法にも適用できるシルエット分析を紹介します。

プログラムの実装と実行（シルエット分析）

データの準備

シルエット分析を実装していきましょう。**リスト4.6**でエルボー法を適用した真のクラスタ数が3の疑似データセット（正規化済み）を使用します。

シルエット分析の実装

まずは、クラスタ数を3と仮定したシルエット分析によるクラスタリングの性能評価グラフを出力してみます。設定したクラスタ数3回分のfor文を計算し、3つの各クラスタ内のデータ点ごとに計算されるシルエット係数をクラスタごとに同じ色の横棒でプロットします（**リスト4.7**）。シルエット係数の値はscikit-learnで用意されているsilhouette_samplesで、平均値はsilhouette_scoreで取得できます。

■ リスト4.7 シルエット分析の適用

```
# 必要なライブラリのインポート
from sklearn.metrics import silhouette_samples
from sklearn.metrics import silhouette_score
import matplotlib.cm as cm
import numpy as np

# データセットの準備
n_clusters = 3
X, y = make_blobs(n_samples=1500, n_features=2, centers=3, random_state=3)

# データの正規化
X_norm = MinMaxScaler().fit_transform(X)

# k-meansの適用
kmeans = KMeans(n_clusters=n_clusters, random_state=0)
```

```
cluster_labels = kmeans.fit_predict(X_norm)

silhouette_vals = silhouette_samples(X_norm, cluster_labels, metric='euclidean')

y_lower = 10
yticks = []

for i in range(n_clusters):
    ith_silhouette_vals = silhouette_vals[cluster_labels==i]
    ith_silhouette_vals.sort()

    size_cluster_i = ith_silhouette_vals.shape[0]
    y_upper = y_lower + size_cluster_i  # クラスタごとにサンプル数を足しy軸の上限をセット
    color = cm.jet(float(i)/n_clusters) # 色の値をセット
    plt.barh(range(y_lower, y_upper),   # 水平方向の棒グラフを描画（底辺の範囲を指定）
             ith_silhouette_vals,       # 棒グラフの幅
             height=1.0,                # 棒グラフの高さ
             color=color)               # 棒グラフの色
    yticks.append((y_lower + y_upper)/2)  # クラスタラベルを表示する位置
    y_lower += len(ith_silhouette_vals)   # 底辺の値に棒グラフの幅を足す

silhouette_avg = silhouette_score(X_norm, cluster_labels)
plt.axvline(silhouette_avg, color="red", linestyle="--")  # シルエット係数の平均に線を引く
plt.yticks(yticks, range(1, n_clusters + 1))             # クラスタラベルを表示
plt.ylabel('Cluster')
plt.xlabel('silhouette coefficient')
plt.show()
```

● 図4.16　リスト4.7の実行結果

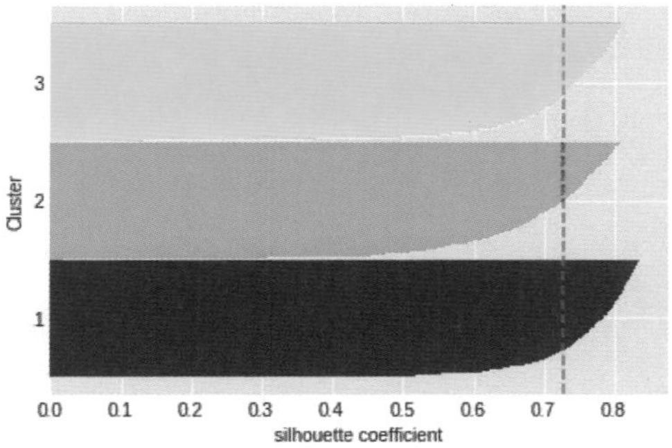

本節のはじめに、「シルエット分析で重要な観点となるのはシルエットの形状とシルエット係数（**図4.16**の図中、縦の赤点線）」と説明しました。クラスタ数3でのシルエットの形状はあきらかにいびつなものがなく、シルエット係数の平均値は0.72となっています。しかしながら、**図4.16**の結果のみではクラスタ数およびクラスタリング結果の善し悪しを判断することができません。ほかのクラスタ数での結果と比較するためにクラスタ数を2および4にしたときの結果を**図4.17**に示します[注5]。

● 図4.17　クラスタ数2とクラスタ数3のときのシルエット図

(a) クラスタ数2　　(b) クラスタ数4

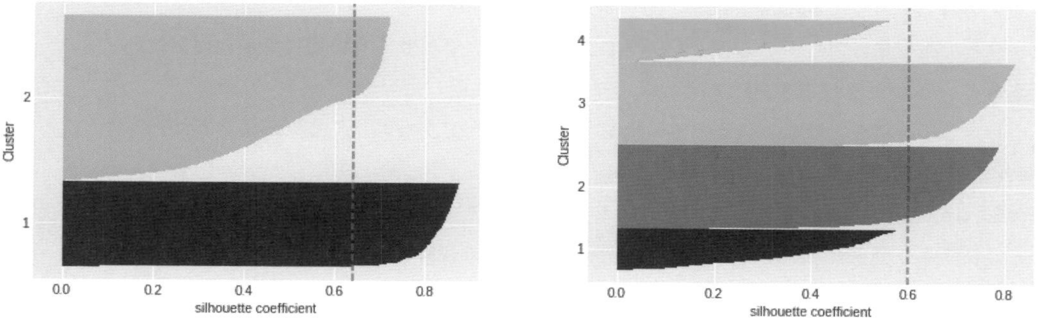

図4.17を見ると、(a) クラスタ数2、および (b) クラスタ数4でのそれぞれのシルエット係数の平均値は0.63、0.59でクラスタ数3の0.72よりも悪い結果です。また、それぞれのシルエット図もクラスタ数3と比較すると、クラスタ内のすべてのデータがシルエットの係数の平均値よりも低いクラスタ（**図4.17 (b)** のクラスタ番号1と4）や、いびつな形状をしているクラスタがあります。これらの結果をふまえるとクラスタ数3でのクラスタリング結果が良いと判断できます。

アルゴリズムの詳細な解説（シルエット分析のこころ）

シルエット分析の1つの観点であるシルエット係数の計算方法を解説します。シルエット係数の計算方法は次の3ステップから成ります。

注5　リスト4.7でn_clustersの値を変更して実行すれば結果が得られます。リスト4.7の`n_clusters = 3`を、2や4に変更して実行してみてください。

①i番目のデータ点$\boldsymbol{x}_i$について同じクラスタ内のほかの全データ点との平均距離a_iを計算する

②i番目のデータ点$\boldsymbol{x}_i$について最も近い他クラスタ内の全データとの平均距離b_iを計算する

③上の①②で導出したa_iおよびb_iを用いてi番目のデータ点$\boldsymbol{x}_i$に対するシルエット係数s_iを以下の式で計算する

$$s_i = \frac{b_i - a_i}{\max(b_i,\ a_i)} \tag{4.15}$$

上記の各ステップを詳しく解説します。①で計算するa_iは同じクラスタに所属するデータとの距離を計算しているので、**クラスタ内のデータがどれくらい密にグルーピングされているか**を表します。一方で、②で計算するb_iは最も近い他クラスタに所属するデータとの距離を計算しているので、**他クラスタのデータからどれくらい疎であるか（離れているか）**を表します。そして最後に、③でシルエット係数s_iを計算します。分母の$\max(b_i,\ a_i)$はa_i、b_iを比べて大きいほうの値を選択する関数です。

s_iの計算式を見ると、b_iがa_iに比べて十分に大きいときにs_iは1に近づきます。b_iがa_iに比べて十分に大きいのはほかのクラスタと離れていて、かつ、同じクラスタ内のデータの密集度が高いことを意味します。つまり、シルエット係数が1に近づくほどクラスタリングの性能が良いと評価できます。

反対に、a_iがb_iに比べて十分に大きいときs_iは－1に近づきます。a_iがb_iに比べて十分に大きいのは他クラスタとの距離が近く、かつ、同じクラスタ内のデータとの距離が遠いことを意味します。シルエット係数が－1に近づくほど、他クラスタのデータとの区別がつきにくくなるのでクラスタリング結果は良くないと評価できます。

なお、エルボー法ではクラスタ内誤差平方和を用いたため、クラスタの重心をもとにクラスタリングしていくk-meansにしか適用できませんでしたが、シルエット分析はクラスタリング結果のデータ間の距離を計算してシルエット係数を導出するためk-means以外のクラスタリング手法にも適用できます。

終わりに

エルボー法やシルエット法を用いる以外にも、クラスタ数も自動で求めるクラスタリングの機械学習手法も存在します（VBGMM：Variational Bayesian Gaussian Mixtureなど）。

ですが、今回のエルボー法やシルエット分析やそのほかの手法にせよ、実際にクラスタリングされた結果を見て、人間がある程度の納得感が得られることが大切です。でなければ、その結果を使用して他者を説得し、ビジネスを進めていくことは難しいです。

また、エルボー法であれば、エルボーがどの値なのかの判定が難しく、どのクラスタ数が良いのか確定できない場合もあります。

クラスタ数の候補となるいくつかのクラスタリング結果を見て、各クラスタにどのようなデータが集まっており、どんな特徴で分けられているのかを確認して、「最も妥当で、ビジネスやその後のアプローチを推進しやすいクラスタ数」を設定することが大切である点にご注意ください。

4.4 t-SNEによる次元圧縮（多様体学習）

本節では、教師なし学習の次元圧縮モデルの応用編として、多様体空間上に分布したデータを次元圧縮して可視化する手法、**t-SNE（t-Distributed Stochastic Neighbor Embedding）**を解説します。本手法は多様体の性質をとらえるため多様体学習とも呼ばれます。

多様体の厳密な定義については難しくなりすぎるため本書で取り扱いませんが、多様体空間とは“局所的”にのみユークリッド距離（三平方の定理で計算できる2点間の距離（3.3節参照））で表せるような空間ととらえてください。直感的には3次元の地球儀（空間）上に地図（データ）が分布している状態をイメージすると良いでしょう。2階建ての家もある意味多様体です。人間は3次元空間を前後左右には動けますが、上下には自由には動けません（空を飛べないので）。ですが、階段などを使用することで上下方向に移動でき、3次元空間に住むことができます。このような2階建ての家は3次元空間ですが、実際に人間が動くことができるのは、その3次元のなかの一部分です。このように多次元の中に埋め込まれた実際に機能している空間を多様体と呼びます（大雑把な概要的説明です）。

主成分分析ではうまく次元圧縮できないような多様体空間上の高次元データを次元圧縮するための手法を本節で解説します。

本節を読み終えた際に整理・定着させておきたい点は次の3点です。

- scikit-learnを用いてt-SNEによる次元圧縮を実装できる
- t-SNEは次元圧縮前後の空間上でのデータ間の近さを確率分布で表現する
- KLダイバージェンスを最小化することで、次元圧縮前後の空間上でのデータ間の近さを対応させる

アルゴリズムの基本的な流れ、概要

t-SNEで実現したい処理を解説します。本節で実現したいことは多様体空間上に分布している高次元データをうまく次元圧縮することです。主成分分析ではうまく次元圧縮できないデータセットでも、t-SNEを使用すればうまく次元圧縮できる場合があります。

たとえば、**図4.18 (a)** に示した3次元のデータセットを2次元に圧縮したいとします。色のグラデーションはデータ間の近さを表しています。このデータセットを2次元に圧縮するには、直感的に、S字カーブの両端（赤色で示したデータの端と青色で示したデータの端）を引っ張って上から見れば良さそうです。つまり、S字カーブの局面に沿ってデータ間の近さを測れるような手法であれば、うまく次元圧縮できそうです。

● 図4.18 t-SNEによる次元圧縮のイメージ

(a) は次元圧縮前の元データ。(b) は主成分分析で次元圧縮した結果。(c) はt-SNEで次元圧縮した結果。次元圧縮前後の各データ点は同じ色で対応している。

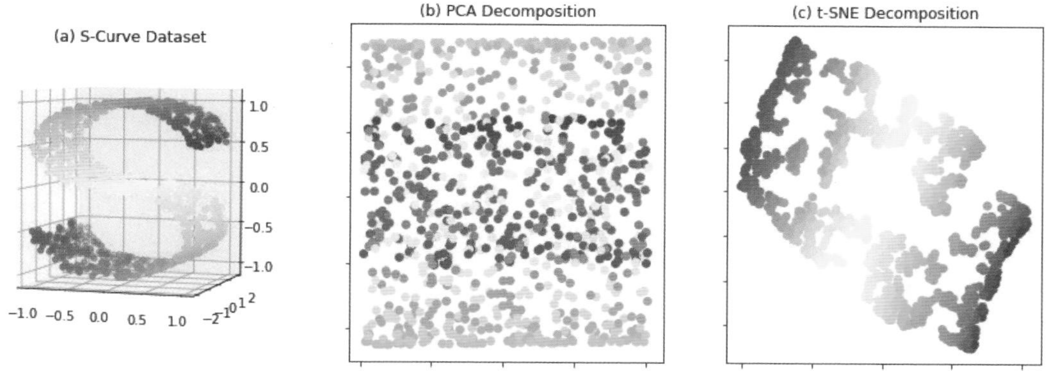

図4.18 (b) に主成分分析で次元圧縮した結果を示します。色のグラデーションがくずれており、実際は遠いはずのデータ（たとえば、赤と青）が近くの座標点にプロットされています。主成分分析では特徴量の共分散をもとに2軸を決定するため (a) のようなデータセットをうまく次元圧縮できません。

一方で、**図4.18 (c)** に示したt-SNEの次元圧縮結果は主成分分析よりもうまく次元圧縮できています。t-SNEでは多様体をうまく学習し、S字カーブの局面に沿ったデータ間の近さを測れているようです。

このように、高次元空間の多様体上でのデータの構造を崩さずに次元圧縮することが、今回実現したいことです。なぜt-SNEではうまくデータの近さを表現できたかは、のちほど詳しく解説します。まずは実装してみましょう。

なお、高次元データの次元圧縮手法（多様体学習）には、t-SNEのほかにもIsomapやSpectral Embeddingなどさまざまなアルゴリズムがあります。それらの手法が気になる方は参考文献［35］などを参照してください。

プログラムの実装と実行

データの準備

t-SNEによる次元圧縮を実装していきましょう。本項の実装ではscikit-learnで用意されている多様体学習用の疑似データmake_s_curveを使用します。3次元のs_curveデータの可視化にはmatplotlibを拡張したツールキットmpl_toolkitsのAxes3Dを使用します。疑似データセットを作成し、3次元プロットしてみましょう（**リスト4.8、図4.19**）。

■ リスト4.8　s_curveデータの可視化[注6]

```
# 必要なライブラリのインポート
import matplotlib.pyplot as plt
from mpl_toolkits.mplot3d import Axes3D
from sklearn.datasets.samples_generator import make_s_curve

# データセットの準備
X, color = make_s_curve(n_samples=1000, random_state=0)
X[:, 1] -= 1.0
X[:, 1] *= 2.0
X[:, 2] *= 0.5

# データの可視化
fig = plt.figure(figsize=(4, 4))
ax = fig.add_subplot(111, projection='3d')
ax.scatter(X[:, 0], X[:, 1], X[:, 2], c=color, cmap=plt.cm.Spectral)
ax.view_init(4, -72)
ax.set_title('S-Curve Dataset')
```

注6　説明の都合上、デフォルトで生成されるデータセットのX[:, 1]およびX[:, 2]の軸の値を変更しています。本来はこの操作は必要ありません。

```
plt.show()
```

● 図4.19　リスト4.8の実行結果
s_curveデータを3次元プロットした様子。

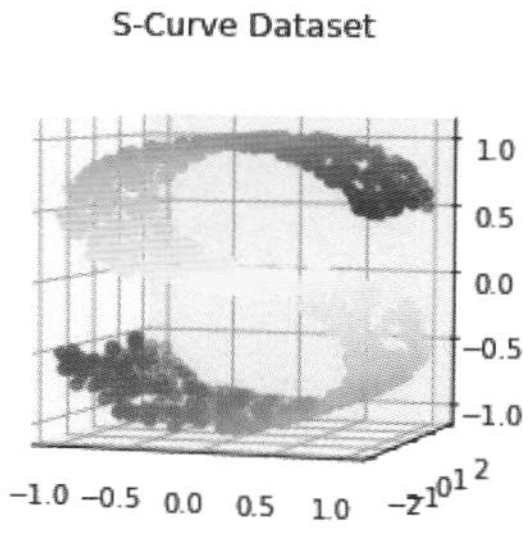

t-SNEの実装

データの準備ができたのでscikit-learnの関数を使用してt-SNEを適用し、結果を出力します（**リスト4.9**）。3次元のデータを2次元に圧縮したいので、変数n_componentsの値（圧縮後の次元数）を2に設定します。

■ リスト4.9　t-SNEによる次元圧縮（多様体学習）

```
# 必要なライブラリのインポート
from sklearn.manifold import TSNE
from matplotlib.ticker import NullFormatter

# t-SNEの適用
tsne = TSNE(n_components=2, random_state=0)
y_tsne = tsne.fit_transform(X)

# 次元圧縮結果の可視化
plt.scatter(y_tsne[:, 0], y_tsne[:, 1], c=color, cmap=plt.cm.Spectral)
plt.title('t-SNE Decomposition')
plt.gca().xaxis.set_major_formatter(NullFormatter())
plt.gca().yaxis.set_major_formatter(NullFormatter())
plt.show()
```

● **図4.20　リスト4.9の実行結果**
t-SNEでうまく次元圧縮できている。

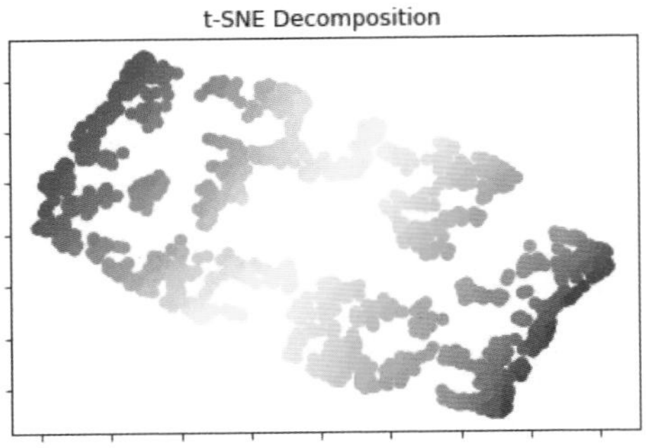

図4.20の圧縮結果を見ると、S字局面の対極にあった赤色と青色で示したデータが2次元上でも最も離れており、データの近さを表すグラデーションをきれいに保っています。3次元空間上でのS字カーブのデータの構造を崩さずに、2次元上にうまく次元圧縮できました。

なお、同じs_curveのデータに主成分分析を適用する実装コードは**リスト4.10**になります。**リスト4.10**を実行すると**図4.18（b）**に示した次元圧縮結果が出力されます。

以上がt-SNEの実装になります。

■ **リスト4.10　s_curveデータに主成分分析を適用**

```
# 必要なライブラリのインポート
from sklearn.decomposition import PCA

# PCAの適用
pca = PCA(random_state=0)
y_pca = pca.fit_transform(X)

# 次元圧縮結果の可視化
plt.scatter(y_pca[:, 0], y_pca[:, 1], c=color, cmap=plt.cm.Spectral)
plt.title('PCA Decomposition')
plt.gca().xaxis.set_major_formatter(NullFormatter())
plt.gca().yaxis.set_major_formatter(NullFormatter())
plt.show()
```

アルゴリズムの詳細な解説（t-SNEのこころ）

t-SNEのアルゴリズムの背後で起きていることについて解説します。t-SNEはSNE（Stochastic Neighbor Embedding）をベースとした手法です。

本節では、まずSNEを解説します。そして、SNEの一部分に変更を加えてt-SNEのアルゴリズムを組み立てていきます。

SNE(Stochastic Neighbor Embedding)

SNEのアルゴリズムの概要を解説します。SNEは、チューリング賞を受賞した機械学習分野の著名人の1人であるジェフリー・ヒントン（Geoffrey Hinton）らによって提案されました（ヒントン教授はディープラーニングの生みの親としても有名です）。SNEの手法の詳細が気になる方は原論文 [36] などを参照してください。

高次元空間上でのデータ集合を$\boldsymbol{X}=\{\boldsymbol{x}_1,\ \boldsymbol{x}_2,\ \cdots,\ \boldsymbol{x}_n\}$、次元圧縮後の低次元空間上でのデータ集合を$\boldsymbol{Y}=\{\boldsymbol{y}_1,\ \boldsymbol{y}_2,\ \cdots,\ \boldsymbol{y}_n\}$としたとき、SNEは大きく3つのステップで構成されます。

- 高次元空間上のデータ間の近さを確率分布pで表す
- 低次元空間上のデータ間の近さを確率分布qで表す
- 2つの分布間の近さを測るKLダイバージェンスを勾配法で最小化する

各ステップを順番に見ていきます。まずは高次元空間上のデータ間の近さの定義です。i番目とj番目のデータ$\boldsymbol{x}_i$、$\boldsymbol{x}_j$の近さを**式4.16**で表される確率で表現します。

$$p_{ij}=\frac{\exp\left(-\frac{1}{2\sigma_i^2}\|\boldsymbol{x}_i-\boldsymbol{x}_j\|^2\right)}{\sum_{k\neq i}\exp\left(-\frac{1}{2\sigma_i^2}\|\boldsymbol{x}_i-\boldsymbol{x}_k\|^2\right)} \tag{4.16}$$

ここで、分散のσ_i^2はハイパーパラメータであり、人手による決定や、二分探索などで求めます。

式4.16の解釈を見ていきます。まず分子に現れる$\exp\left(-\frac{1}{2\sigma_i^2}\|\boldsymbol{x}_i-\boldsymbol{x}_j\|^2\right)$に着目します。実はこの形は平均$\boldsymbol{x}_i$、分散$\sigma_i^2$のガウス分布の確率密度関数になっており、データ点$\boldsymbol{x}_j$が平均$\boldsymbol{x}_i$とどれくらい近いかを定量化できます。また、同様の式が含まれている分母では自分自身以外（$k\neq i$）のすべてのデータとの確率密度を足し合わせています。この分母の項はp_{ij}を0〜1の範囲にスケーリングするための正規化項の役割を果たし

ます。つまり、**式4.16**は平均$\boldsymbol{x}_i$、分散σ_i^2に従うガウス分布からx_jが得られる条件付き確率を計算しています。

なお、**式4.16**のp_{ij}の添え字ijを逆にしたp_{ji}の計算もi番目とj番目のデータ$\boldsymbol{x}_i$、$\boldsymbol{x}_j$の近さを計算します。ただし、添え字が変更されると**式4.16**の分母が異なる値になり、ガウス分布の平均が$\boldsymbol{x}_j$、分散がσ_j^2に変化します。つまり、同じi番目とj番目のデータ$\boldsymbol{x}_i$、$\boldsymbol{x}_j$の近さを計算していても、p_{ij}とp_{ji}の値は異なり$p_{ij} \neq p_{ji}$になります。

本節でこれまで「データ間の距離」ではなく、「データ間の近さ」という表現を使っていたのはこのためでした。SNEの背後では距離ではなく確率を扱っていることに注意してください。

次に、低次元空間上のデータ間の近さを定義します。高次元空間上のデータ間の近さと同じようにガウス分布の確率密度を考えます。ただし、データ点ごとの分散を考慮せずに$\sigma_i^2 = \frac{1}{2}$に固定します[36]。$\frac{1}{2\sigma_i^2}$のσ_i^2に$\frac{1}{2}$を代入すると1になるので低次元空間上のデータ間の近さは**式4.17**になります。

$$q_{ij} = \frac{\exp(-\| \boldsymbol{y}_i - \boldsymbol{y}_j \|^2)}{\sum_{k \neq i} \exp(-\| \boldsymbol{y}_i - \boldsymbol{y}_k \|^2)} \tag{4.17}$$

最後のステップでは、p_{ij}を与える確率分布P_iと、q_{ij}を与える確率分布Q_i、この2つの確率分布を近づけます。なぜ2つの確率分布を近づけるかですが、次元圧縮の目標は高次元空間上でのデータの構造を圧縮後も保っておくことだからです。つまり、2つの異なる分布が与えるp_{ij}とq_{ij}の誤差を小さくしていくことを考えます。$p_{ij} = q_{ij}$であれば、データの構造が圧縮前後で同じになる理想の状態です。

確率分布間の近さの尺度として**KLダイバージェンス（Kullback-Leibler Divergence）**を用います。KLダイバージェンスは機械学習でよく利用されるので、覚えておいてください。2つの確率分布P_i、Q_iに対するKLダイバージェンスは**式4.18**で表されます。

$$\mathrm{KL}(P_i \| Q_i) = \sum_i \sum_j p_{ij} \log \frac{p_{ij}}{q_{ij}} \tag{4.18}$$

KLダイバージェンスのポイントは3つです。1つめは**対称な量ではなく$\mathrm{KL}(P_i \| Q_i) \neq \mathrm{KL}(Q_i \| P_i)$であること**です。2つめは**同じ確率分布を当てはめた場合に値が0になること**です。つまり$\mathrm{KL}(P_i \| P_i) = 0$です。3つめは**常に0以上の値をとり、確率分布の差異が大きいほど値が大きくなること**です。本書ではこれ以上にKLダイバージェンスの性質の話とその証明は解説しませんが、気になる方は参考文献[15]などを参照してください。

KLダイバージェンスは確率分布が似ているほど値が0に近づいていく尺度でした。

そのため、SNEの最後のステップですることはP_i、Q_iを近づけることです。つまり$\mathrm{KL}(P_i \| Q_i)$を最小化することが目標になります。最小化には4.2節で解説した勾配降下法などの勾配法を用い、$\mathrm{KL}(P_i \| Q_i) = C$としたときに、**式4.19**で表される勾配を最小化し、最適なガウス分布のパラメータ（平均、分散）を求めます。

$$\frac{\partial C}{\partial \boldsymbol{y}_i} = 2\sum_j (\boldsymbol{y}_i - \boldsymbol{y}_j)(p_{ij} - q_{ij} + p_{ji} - q_{ji}) \tag{4.19}$$

SNEの2つの改良点とt-SNE

t-SNEはSNEが持つ2つの性質を改良した手法です。改良元である2つの性質とその改良方法を順番に解説します。

SNEの1つめの改良元は**SNEはx_iが与えられたもとでのx_jが得られる確率p_{ij}と、x_jが与えられたもとでのx_iが得られる確率p_{ji}が異なる**点です。**確率p_{ij}とp_{ji}が異なるということは、今回のクラスタリングにおいては同じであってほしい「x_iから見たx_jの近さ」と「x_jからみたx_iの近さ」が異なることを意味します**。この性質はKLダイバージェンスの最小化を難しくしてしまいます。そこで、t-SNEでは高次元空間上でp_{ij}とp_{ji}に対称性を持たせるために新たにp^*_{ij}とp^*_{ji}を**式4.20**で定義します。

$$p^*_{ij} = p^*_{ji} = \frac{p_{ij} + p_{ji}}{2N} \tag{4.20}$$

ただし、p_{ij}およびp_{ji}は上記で説明したSNEの式で計算されます。**式4.20**の導入により高次元空間上でデータ点の近さを対称な情報として表現します。

2つめの改良元は、**SNEは圧縮後の低次元空間上でのデータ点の近さにガウス分布を用いている**点です。次元圧縮では、圧縮前の高次元空間上で近くにあるデータ点は、圧縮後の低次元空間上でより近くに、逆に、近くにないデータ点は、より遠くに置きたいです。

この目的を達成するために、ガウス分布よりも都合の良い確率分布があります。t-SNEの名前の由来にもなっているt分布です。t分布はガウス分布によく似た分布で、2つの平均値の差の統計的有意性を検討するt検定などで利用されます。

t分布は左右対称となりますが、その形状はt分布が持つハイパーパラメータである自由度で制御されます。自由度を大きくするにつれてガウス分布に近づき、自由度の極限ではガウス分布と一致します。逆に自由度が小さいとガウス分布に比べて裾《すそ》が重く、確率の減衰が急ではありません（平均値よりも離れた値が出現する確率が通常のガウス分布より大きい）。この性質により、近くのデータを近くに、遠くのデータをより遠くに置けます（**図4.21**）。

● 図4.21　ガウス分布と自由度1のt分布の比較
等確率で得られる点を対応させると、t分布を仮定したほうが平均に近い点がより近くに、遠い点がより遠くに配置されることがわかる（参照図［37］）。

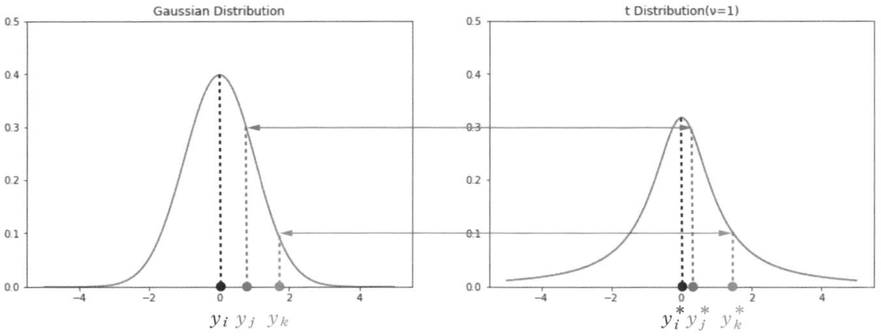

t-SNEでは自由度1のt分布を用い、低次元空間上でのデータ点の近さは**式4.21**で表されます。

$$q_{ij} = \frac{(1+\| \boldsymbol{y}_i - \boldsymbol{y}_j \|^2)^{-1}}{\sum_{k \neq i}(1+\| \boldsymbol{y}_k - \boldsymbol{y}_i \|^2)^{-1}} \tag{4.21}$$

そして、2つの改良点を反映した式を用いてKLダイバージェンスを計算および最小化するのがt-SNEです。t-SNEのアルゴリズムの流れをまとめると**図4.22**になります。

● 図4.22　t-SNEの流れ

終わりに

多様体という難しい概念が出てきたのでとっつきづらいですが、t-SNEは非常に多くの場面で使用されます。また、計算が重たいため、t-SNEで次元圧縮後の変数の数には通常、2か3程度が用いられます。

最初はこんな手法があるのか程度に理解いただき、再度必要に応じて、本節を読み直してみてください。

4.5 異常検知(Novelty Detection、Outlier Detection)

本節では、異常検知について解説します。異常検知は機械学習において教師なし学習に位置づけられます[注7]。本節では、scikit-learnで実装できる**Novelty Detection（特異点検知）**および**Outlier Detection（外れ値検知）**を取り上げます。異常検知を実現するために、本書でこれまで紹介してきたさまざまなアルゴリズムを使用します。

本節を読み終えた際に整理・定着させておきたい点は次の3点です。

- scikit-learnを用いて異常検知モデルを実装できる
- Novelty DetectionとOutlier Detectionの違いを理解する
- 異常検知モデルの各手法のエッセンスや長所と短所を理解する

アルゴリズムの基本的な流れ、概要

異常検知モデルを用いて実現したい処理を解説します。異常検知は訓練データセットのデータ傾向とは大きくかけ離れた**異質なデータ**を発見する処理です。具体的には、未知の新しい入力データが、訓練データとは異質かどうかを判断するための「基準となる境界」を訓練データから導き出すのが目標になります。

今回実装していく異常検知モデルの一例を**図4.23**に示します。

注7　問題設定や状況によっては教師あり学習として扱われる場合もありますが、本書・本節で解説する異常検知は教師なし学習として扱います。

● 図4.23 (a) Novelty Detectionと (b) Outlier Detection
図中の赤線が異質かどうかを判断するための基準となる境界線である。

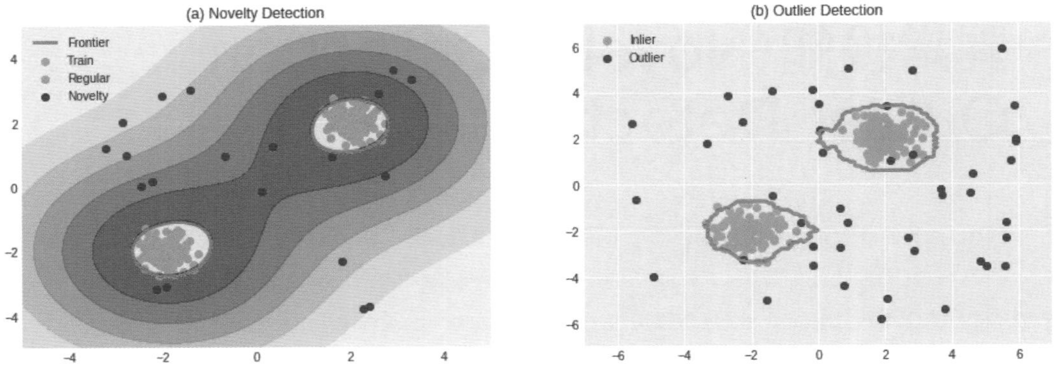

図4.23は (a) Novelty Detectionと (b) Outlier Detectionの２種類のアプローチの結果です。これらの違いは異常検知モデルを構築するために使用するデータセットの前提条件にあります。

Novelty Detectionでは学習に使用するデータセットの中には、通常のデータしかなく異質な値が含まれていないと仮定しています。つまり、データセットには含まれていないような特異な (Novelty) 入力を検知するためのアプローチになります。

一方で、Outlier Detectionは学習に使用するデータセットの中に異質な値が含まれていると仮定します。つまり、データセットに含まれる少数の外れ値 (Outlier) のデータ傾向と類似する入力を検知するためのアプローチになります。

本節では、まずNovelty Detectionについて実装し、その手法を解説します。その後、Outlier Detectionについて解説し実装します。最後に、Outlier Detectionで紹介する各手法の長所と短所について解説します。

プログラムの実装と実行(Novelty Detection：特異点検知)

異質な値が含まれていないデータセットをもとに異常検知を行うNovelty Detectionについて解説します。Novelty Detectionでは、データセットに含まれているすべてのデータは同じ確率分布から生成されて出現していると考えます。この仮定により、未知の新しい入力データが、訓練データと比較して類似しているか、または、逸脱しているかを評価できるようになります。

具体的には、訓練データの発生元となる確率分布上のある地点の等高線を境界として新しい入力が異質かどうかを判定します。つまり、訓練データの出現パターンを表現する確率分布において、定めた基準以上の確率で得られる（等高線で規定された境界の内側にくる）データは訓練データと類似グループである正常な入力と判断します。一方で、基準以下の確率で得られる（境界線の外側にくる）データは観測データに類似していない特異な入力として評価します。

新しい入力が特異かどうかを判断するための基準となる境界を見つけるには、**OneClass SVM**というアルゴリズムが用いられます。OneClass SVMは2.5節で解説したSVCと同様にSVM（Support Vector Machine）を利用します。SVCが教師あり学習であるのに対し、OneClass SVMは教師なし学習としても扱えます。アルゴリズムの詳細については、のちほど解説します。まずはscikit-learnを用いてNovelty Detectionを実装してみましょう。

データの準備

scikit-learnのsvmモジュールの中にあるOneClassSVMクラスを用いてNovelty Detectionを実装していきます。

本実装では、NumPyを用いて発生させた疑似データを使用します。訓練データセット（X_train）、テスト用の正常データセット（X_regular）、テスト用の特異データセット（X_novelty）を作成します（**リスト4.11**）。のちほど学習した結果を可視化するためにここではデータの次元（特徴量の数）を2とし、訓練データおよび正常データは標準正規分布に従う値を、特異データは一様分布に従う値を発生させています。**図4.24**を見ると、特異データのみ発生パターンが異なっています。これらのデータが特異であることを検知するための境界をOneClass SVMで見つけるのが目標になります。

■ **リスト4.11　データセットの準備**

```
# 必要なライブラリのインポート
import numpy as np
import matplotlib.pyplot as plt
plt.style.use('seaborn-darkgrid')

# 乱数シードの固定
np.random.seed(1)
```

```
# 訓練データの生成
X = 0.3 * np.random.randn(100, 2)
X_train = np.r_[X + 2, X - 2]

# 正常なデータの生成
X = 0.3 * np.random.randn(20, 2)
X_regular = np.r_[X + 2, X - 2]

# 特異なデータの生成
X_novelty = np.random.uniform(low=-4, high=4, size=(20, 2))

# 疑似データの可視化
plt.xlim((-5, 5))
plt.ylim((-5, 5))
plt.scatter(X_train[:, 0], X_train[:, 1], c='c', label='Train')
plt.scatter(X_regular[:, 0], X_regular[:, 1], c='y', label='Regular')
plt.scatter(X_novelty[:, 0], X_novelty[:, 1], c='b', label='Novelty')
plt.legend(loc='upper left')
plt.show()
```

● **図4.24　リスト4.11の実行結果**
訓練データ（Train）、正常データ（Regular）、特異データ（Novelty）を生成。

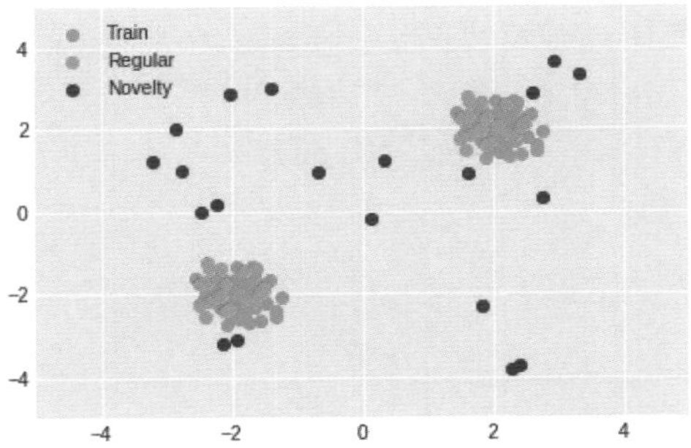

OneClass SVMの実装

リスト4.11で作成した疑似データに対してOneClass SVMを適用してみましょう。訓練データのみに対してOneClass SVMを適用し、学習した決定境界および境界までの距離（等高線）を可視化します（**リスト4.12**）。

実行結果（**図4.25**）を確認してみましょう。赤線で示した境界線（Frontier）よりも内側には訓練データとテスト用の正常データの多くが密集しています。一方で、テスト用の特異データは境界線よりも外側にあります。訓練データをもとに、正常か特異かをうまく判別する境界線を引けました。

■ リスト4.12 OneClass SVMの適用

```
# 必要なライブラリのインポート
from sklearn import svm

# OneClass SVMの適用（RBFカーネルを適用）
model = svm.OneClassSVM(kernel='rbf', nu=0.01, gamma=0.1)
model.fit(X_train)

# 疑似データおよび特定した境界線（frontier）の可視化
xx, yy = np.meshgrid(np.linspace(-5, 5, 500), np.linspace(-5, 5, 500))

Z = model.decision_function(np.c_[xx.ravel(), yy.ravel()])
Z = Z.reshape(xx.shape)

plt.title("Novelty Detection")
plt.xlim((-5, 5))
plt.ylim((-5, 5))

plt.contourf(xx, yy, Z, levels=np.linspace(Z.min(), 0, 7), cmap=plt.cm.PuBu, alpha=0.7)
frontier = plt.contour(xx, yy, Z, levels=[0], linewidths=3, colors='red')
train = plt.scatter(X_train[:, 0], X_train[:, 1], c='c')
normal = plt.scatter(X_regular[:, 0], X_regular[:, 1], c='y')
novelty = plt.scatter(X_novelty[:, 0], X_novelty[:, 1], c='b')
plt.legend([frontier.collections[0], train, normal, novelty],
           ['Frontier', 'Train', 'Regular', 'Novelty'],
           loc='upper left',shadow=True)
plt.show()
```

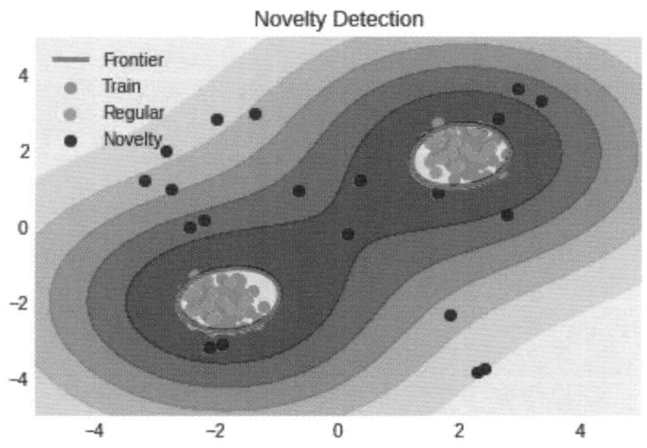

● 図4.25 リスト4.12の実行結果

OneClass SVMにより図4.24のデータを分析。赤線が特異かどうかを判断するための基準となる境界線である。

さらに、**リスト4.12**で作成した境界線の妥当性をより詳細に評価するために、構築したモデルを使って訓練データと正常データと特異データがそれぞれ正常なのか特異なのかを予測し、間違えた判定を下したデータ点の数を出力してみましょう（**リスト4.13**）。

■ リスト4.13 正常／特異の判断を間違えたデータ点の数を出力

```
# 構築したモデルによる予測
y_pred_train = model.predict(X_train)
y_pred_regular = model.predict(X_regular)
y_pred_novelty = model.predict(X_novelty)

# 誤検知のデータ数のカウント
n_error_train = y_pred_train[y_pred_train == -1].size
n_error_regular = y_pred_regular[y_pred_regular == -1].size
n_error_novelty = y_pred_novelty[y_pred_novelty == 1].size

# 結果の出力
print(f'Error Train: {n_error_train}/200')
print(f'Error Regular: {n_error_regular}/40')
print(f'Error Novelty: {n_error_novelty}/40')
```

● **図4.26 リスト4.13の実行結果**
OneClass SVMにより異質と判断されたデータ数。

```
Error Train: 3/200
Error Regular: 3/40
Error Novelty: 0/40
```


図4.26を見ると、間違えて特異と判断されている正常データが3つと少しは存在するものの、間違えて正常と判断されている特異データは0です。

なお、predictメソッドは特徴量ごとに正常・特異のラベルを返すため、**図4.26**で示した結果の分母を「データ数×次元数」としていることに注意してください（正常データ、特異データは2次元のデータを20個ずつ生成しているため、判定はそれぞれ40回行われています）。

なお、目的によっては境界線の内側の範囲の大きさを調節したい場合もあります。厳しく少しでも特異である可能性が高い入力をきちんと検知したい場合には、境界線の内側の範囲を狭めたほうが良いでしょう。逆に、明らかに特異である入力のみ検知したい場合には、境界線の内側の範囲を大きくすべきです。では、境界線の内側の範囲を制御するにはどうすれば良いのでしょうか。境界線の内側の範囲はOneClassSVMオブジェクトのパラメータを調節すれば制御できます。

訓練データにOneClass SVMを適用した**リスト4.12**の実装コードをもう一度見てみましょう。**リスト4.12**では、OneClassSVMオブジェクトの引数パラメータを（`kernel='rbf', nu=0.01, gamma=0.1`）と設定しました。これらのパラメータの詳細を順に説明していきます。

OneClass SVMのハイパーパラメータの詳細

はじめに、kernelパラメータについて解説します。OneClass SVMでは、線形分離できないデータをうまく分離するために**カーネルトリック**という手法を用います。カーネルトリックは低次元では分離できないデータを高次元空間に写像し、高次元空間上でデータを分離するテクニックです。具体的には、**カーネル関数**という関数を用いてデータ間の距離を計算することで、高次元空間上での分離面を学習します。そして、そのカーネル関数の形を規定するのが、kernelパラメータです。**リスト4.12**では`kernel='rbf'`と設定しました。scikit-learnではrbfを指定すると**式4.22**で表されるRBFカーネル（ガウスカーネル）が選択されます。

$$K(\boldsymbol{x},\ \boldsymbol{x}') = \exp(-\gamma \| \boldsymbol{x} - \boldsymbol{x}' \|^2) \tag{4.22}$$

$\boldsymbol{x}$と$\boldsymbol{x}'$は異なる2点のデータを表します。γは分散σ^2を2倍した逆数で$\gamma = 1/(2\sigma^2)$となります。RBFカーネルのほかには、多項式カーネルやシグモイドカーネルなどがあります。カーネルトリックやカーネル関数についての詳細な解説が気になる方は、参考文献[21]などを参照してください。

次に、パラメータnuについてです。nuは入力データ中の異常値の割合を示すパラメータです(0<nu<1)。そのため、nuの値を大きくすると、正常値として判断する境界線の内側の範囲が小さくなります[注8]。

最後に、前述のRBFカーネルの式(**式4.22**)に出てきたγの値を設定するのがパラメータgammaです。gammaの値を大きくすると、決定境界が複雑になります。つまり、gammaの値が大きすぎると訓練データに対して過学習してしまいます。

パラメータgammaとnuの値を変化させたときの結果を**図4.27**に示します。(a)は**リスト4.12**の結果である**図4.25**と同じです。(a)を基準に、nuを0.01から大きくして0.5に変更すると、境界線内の領域が狭くなっています(b)。また、gammaを大きくして0.1から10.0に変更すると決定境界が複雑になっています(c)。

● **図4.27 パラメータを変化させたときの実行結果**

(b)はnuを大きく設定し、その結果境界内の領域が狭くなっている。(c)はgammaを大きく設定し、その結果複雑な境界線を学習している。

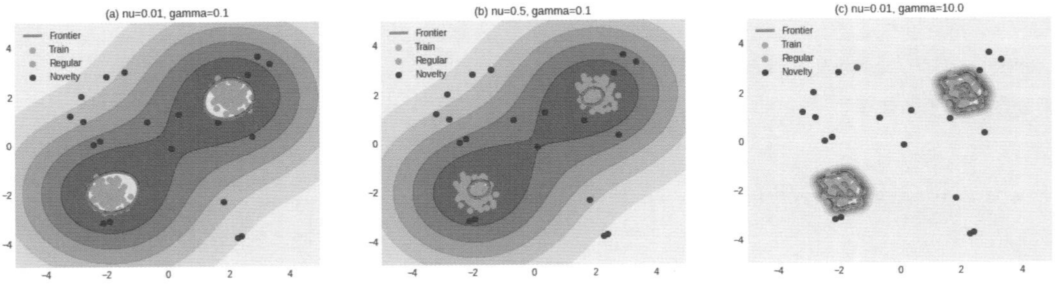

注8　Novelty Detectionでは訓練データ中に異常値は含まれないと仮定しますが、OneClass SVMはOutlier Detectionでも用いられるため、異常値の割合を示すパラメータnuが存在します。なお、今回はnu＝0としたいところですが、scikit-learnではnu＞0の制限があるため、0に近い0.01を使用しています。

プログラムの実装と実行(Outlier Detection：外れ値検知)

続いて、Novelty Detectionとは異なり、異質な値が含まれているデータセットをもとに異常検知を行うOutlier Detectionについて解説します。Outlier Detectionでは、データセットに含まれる大多数の正常データと少数の外れ値データを分離する決定境界を引くのが目標になります。

Novelty Detectionでは、訓練データ中のすべてのデータはすべて同じ分布から発生していると仮定しました。その一方で、Outlier Detectionはデータセット中に同一の分布から発生していない少数の外れ値（Outlier）が存在します。なお、Outlier Detectionは訓練データセットとテストデータセットに分けることはなく、1つのデータセットに手法を適用します。

Outlier Detectionを実行する方法には、前述のOneClass SVMを含めさまざまなアプローチがあります。本節では、OneClass SVMに加え、ガウス分布を利用する**Elliptic Envelope**、ランダムフォレストを応用した**Isolation Forest**、近傍法を応用した**Local Outlier Factor（LOF）**の4種類のOutlier Detectionを実装していきます。各手法の詳細については実装を通しながら解説していきます。

データの準備

本実装では、scikit-learnに用意されているmake_blobsデータを使用します。このデータはクラスタリングを検証するために用意された疑似データですが、データセットにさらに外れ値データを混ぜ合わせてOutlier Detection用の疑似データを作成します（**リスト4.14**）。**図4.28**に示された正常データ（inlier）と異常データ（outlier）をなるべくきれいに分離できる決定境界を探し出すのが目標になります。

■ **リスト4.14　データセットの準備**

```
# 必要なライブラリのインポート
import numpy as np
import matplotlib.pyplot as plt

from sklearn.datasets import make_blobs

# 乱数シードの設定
np.random.seed(1)
```

```
# サンプルデータに関する設定
n_samples = 300
outlier_ratio = 0.15
n_outliers = int(n_samples * outlier_ratio)
n_inliers = n_samples - n_outliers

# 正常/外れ値データの生成
inliers = make_blobs(centers=[[2, 2], [-2, -2]], cluster_std=[0.5, 0.5],
                     random_state=0, n_samples=n_inliers, n_features=2)[0]
outliers = np.random.uniform(low=-6, high=6, size=(n_outliers, 2))

# 訓練データの作成
X_train = np.concatenate([inliers, outliers], axis=0)

# データの可視化
plt.scatter(inliers[:, 0], inliers[:, 1], label='Inlier', c='y')
plt.scatter(outliers[:, 0], outliers[:, 1], label='Outlier', c='b')
plt.legend(loc='upper left')
plt.xlim(-7, 7)
plt.ylim(-7, 7)
plt.show()
```

● **図4.28 リスト4.14の実行結果**

正常（inlier）、外れ値（outlier）データを生成。

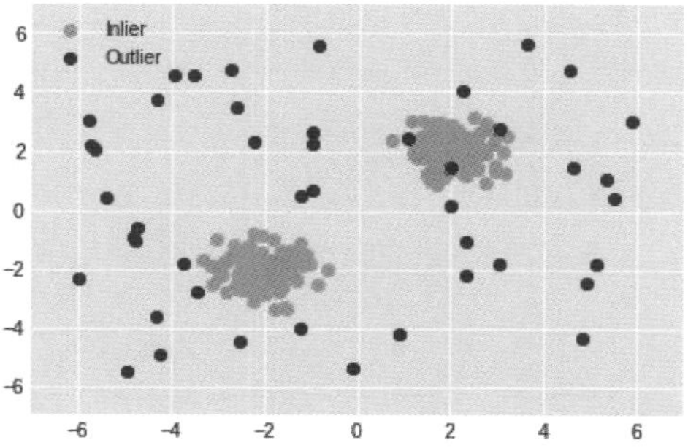

Elliptic Envelopeの実装

Outlier Detectionを実行するための最も単純な方法は、正常データがガウス分布から発生すると仮定し、訓練データに含まれる正常データを最もうまく表現するガウス分布を推定する手法です。具体的には、ガウス分布の平均と分散を決定し楕円状の決定境界を引きます。この手法はscikit-learnのEllipticEnvelopeを使用すれば実装できます（**リスト4.15**）。

EllipticEnvelopeのパラメータcontaminationは異常値の割合を示すパラメータです。ここでは、疑似の訓練データ作成時に設定した異常値の割合`outlier_ratio = 0.15`と同じ値を指定しています。

図4.29を見ると、多くの正常データが内側にくるように楕円状の決定境界が引かれ、明らかに外れ値であるデータは検出できるように見えます。ただし、単一のガウス分布を仮定するため、2つのデータのかたまりをうまくとらえる境界線を引けていません。

■ リスト4.15 Elliptic Envelopeの適用

```
# 必要なライブラリのインポート
from sklearn.covariance import EllipticEnvelope

# EllipticEnvelopeの適用
envelope = EllipticEnvelope(contamination=0.15)
envelope.fit(X_train)

# データおよび学習した決定境界の可視化
xx, yy = np.meshgrid(np.linspace(-7, 7, 150),
                     np.linspace(-7, 7, 150))

Z = envelope.predict(np.c_[xx.ravel(), yy.ravel()])
Z = Z.reshape(xx.shape)

plt.scatter(inliers[:, 0], inliers[:, 1], label='Inlier', c='y')
plt.scatter(outliers[:, 0], outliers[:, 1], label='Outlier', c='b')
plt.contour(xx, yy, Z, levels=[0], linewidths=3, colors='red')
plt.legend(loc='upper left')
plt.xlim(-7, 7)
plt.ylim(-7, 7)
plt.show()
```

● **図4.29 リスト4.15の実行結果**

Elliptic Envelopeによる外れ値検知。単一のガウス分布を仮定するため、うまく境界線を引けていない。

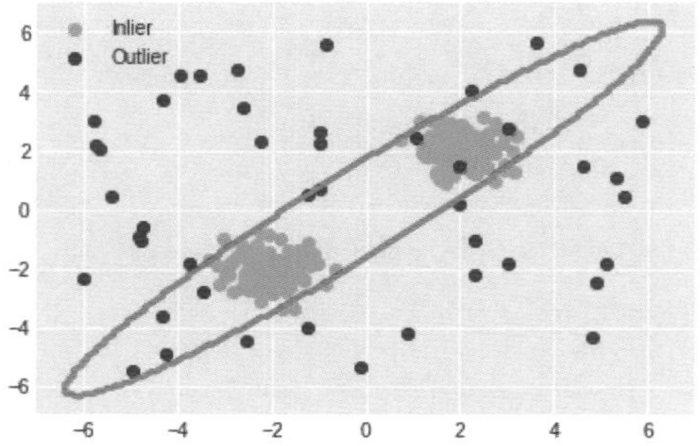

OneClass SVMの実装

次に、Novelty Detectionでも使用したOneClass SVMを適用してみましょう（**リスト4.16**）。OneClassSVMのパラメータnuは異常値の割合を示す値でした。そのため、ここではnu=outlier_ratioに設定しています（実際のケースでは抜き取り検査などで異常値の割合がわかる場合もあれば、まったくわからない場合もあります）。

図4.30を見ると、Elliptic Envelopeのアプローチよりも複雑な決定境界を引けています。これはElliptic Envelopeではデータが単一のガウス分布から発生するという制約がある一方で、OneClass SVMではデータを発生させる分布を仮定せず、データ間の距離で分離面を学習しているからです。ただし、OneClass SVMは外れ値の影響を受けやすいため、うまく境界線を引けていないように見えます。

■ **リスト4.16 OneClass SVMの適用**

```
# 必要なライブラリのインポート
from sklearn import svm

# OneClassSVMの適用
svm = svm.OneClassSVM(nu=outlier_ratio, kernel="rbf", gamma=0.1)
svm.fit(X_train)

# データおよび学習した決定境界の可視化
xx, yy = np.meshgrid(np.linspace(-7, 7, 150),
                     np.linspace(-7, 7, 150))
```

```
Z = svm.predict(np.c_[xx.ravel(), yy.ravel()])
Z = Z.reshape(xx.shape)

plt.scatter(inliers[:, 0], inliers[:, 1], label='Inlier', c='y')
plt.scatter(outliers[:, 0], outliers[:, 1], label='Outlier', c='b')
plt.contour(xx, yy, Z, levels=[0], linewidths=3, colors='red')
plt.legend(loc='upper left')
plt.xlim(-7, 7)
plt.ylim(-7, 7)
plt.show()
```


● 図4.30 リスト4.16の実行結果

OneClass SVMによる外れ値検知。2つのグループに分割できたが、うまく境界線を引けていない。

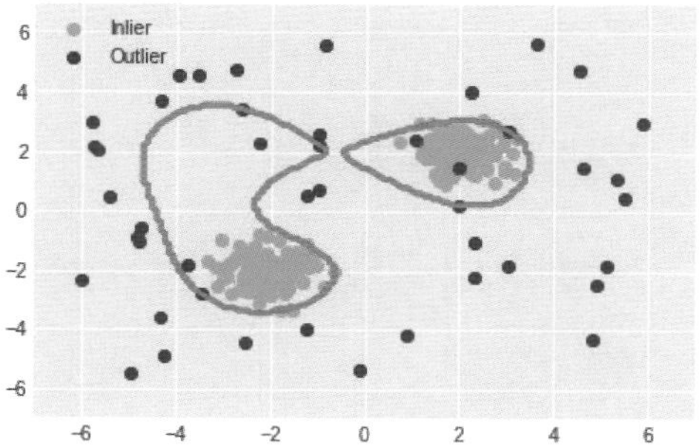

Isolation Forestの実装

次にランダムフォレストを応用したアプローチIsolation Forestを適用してみましょう（**リスト4.17**）。

Isolation Forestはランダムフォレストに則り、各データをそれぞれ単一の葉にまで分割する決定木を複数作ります。そこで、まず特徴量をランダムに1つ選択します。次に、選択した特徴量の最小値と最大値の範囲に収まるランダム値を基準にデータを分離（isolation）します。そして、この2ステップを再帰的に繰り返すことにより各ステップでの分離方法を表現する木を複数個作成します。なお、各木における分割数は木のルートから終端ノードまでのパスの長さに相当します（手法のさらなる詳細は参考文献[38]を参照してください）。

正常なデータはデータ同士が密集しているため、各データを単一の葉に孤立させるために必要な分割数（木の深さ）が多くなる一方で、外れ値のデータはほかの点から離れているため少ない分割数で孤立させられます。

つまり、Isolation Forestではパスの長さが異常度を表す尺度となり、各木で作成されたパスの平均長より短いパスで分割されるデータを異常と判断します。

実装した結果、OneClass SVMよりもうまく分離できる決定境界が引かれているように見えます（**図4.31**）。

■ **リスト4.17** Isolation Forestの適用

```
# 必要なライブラリのインポート
from sklearn.ensemble import IsolationForest

# 将来的にデフォルト値が変更される警告が出力されないように設定する
import warnings
warnings.simplefilter('ignore')

# IsolationForestの適用
isolation = IsolationForest(contamination=outlier_ratio, random_state=42)
isolation.fit(X_train)

# データおよび学習した決定境界の可視化
xx, yy = np.meshgrid(np.linspace(-7, 7, 150),
                     np.linspace(-7, 7, 150))

Z = isolation.predict(np.c_[xx.ravel(), yy.ravel()])
Z = Z.reshape(xx.shape)

plt.scatter(inliers[:, 0], inliers[:, 1], label='Inlier', c='y')
plt.scatter(outliers[:, 0], outliers[:, 1], label='Outlier', c='b')
plt.contour(xx, yy, Z, levels=[0], linewidths=3, colors='red')
plt.legend(loc='upper left')
plt.xlim(-7, 7)
plt.ylim(-7, 7)
plt.show()
```

● **図4.31 リスト4.17の実行結果**

Isolation Forestによる外れ値検知。2つのグループに分割でき境界線もうまく引けている。

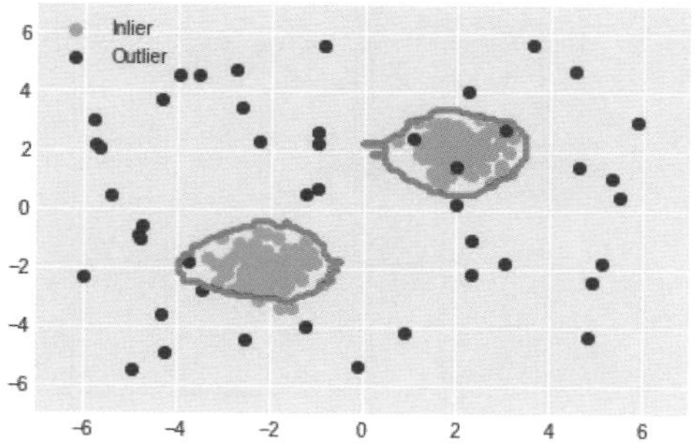

Local Outlier Factorの実装

最後にLocal Outlier Factor（LOF）と呼ばれる手法を解説します。（**リスト4.18**）。この手法はk近傍法を応用したアプローチです。k近傍法とは、とある1つのデータに着目し、その近傍k個のデータを考慮してクラス分類や密度推定を行う手法です。

Outlier Detectionでは、近傍k個のデータとの距離の平均値の逆数をそのデータ点の局所密度とし、密度が小さい、つまり周辺にデータ点が少ない孤立しているデータを異常なデータとして判断します。この手法は決定境界を学習するのではなく、訓練データ中の全サンプルに対してそれぞれの局所密度を計算し、その密度順に訓練データを正常と異常に分類するため、通常境界線は引きません。

実行結果の**図4.32 (a)** を確認すると、密集しているデータが正常、孤立しているデータが異常と判断されており、正解データである**図4.32 (b)** に近い分類ができています。

■ **リスト4.18 Local Outlier Factorの適用**

```
# 必要なライブラリのインポート
from sklearn.neighbors import LocalOutlierFactor

# LocalOutlierFactorの適用
lof = LocalOutlierFactor(n_neighbors=35, contamination=outlier_ratio)
lof.fit(X_train)
y_pred = lof.fit_predict(X_train)

# 学習結果の可視化
plt.figure(figsize=(15,5))
```

```
plt.subplot(121)
plt.title('(a) Local Outlier Factor')
plt.scatter(X_train[y_pred==1][:, 0], X_train[y_pred==1][:, 1], label='Inlier', c='y')
plt.scatter(X_train[y_pred==-1][:, 0], X_train[y_pred==-1][:, 1], label='Outlier', c='b')
plt.legend(loc='upper left')
plt.xlim(-7, 7)
plt.ylim(-7, 7)

plt.subplot(122)
plt.title('(b) Original Data')
plt.scatter(inliers[:, 0], inliers[:, 1], label='Inlier', c='y')
plt.scatter(outliers[:, 0], outliers[:, 1], label='Outlier', c='b')
plt.legend(loc='upper left')
plt.xlim(-7, 7)
plt.ylim(-7, 7)
plt.show()
```

● 図4.32　リスト4.18の実行結果

(a) はLocal Outlier Factorによる外れ値検知。2つのグループに分割できている。Local Outlier Factorでは、通常境界線は引かない。(b) は正しい分類結果（図4.28再掲）。

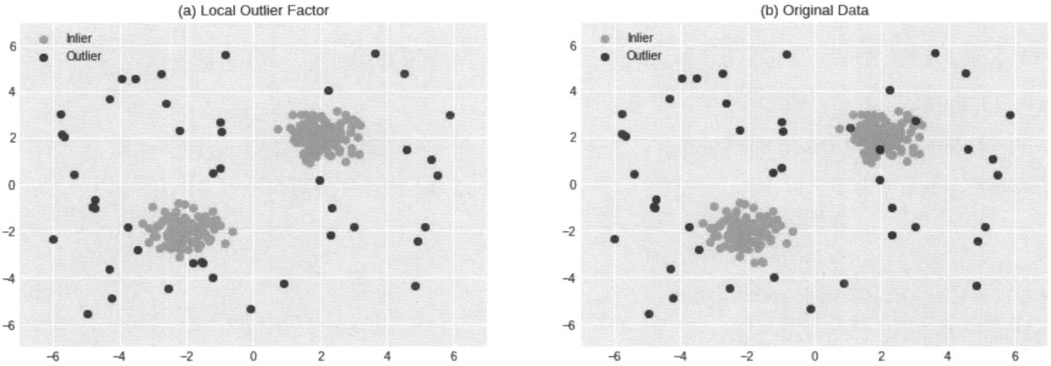

なお、今回のOutlier Detectionの各手法の実装では、パラメータを事前に固定して実装していますが、実際には調整する必要があるので注意してください。

終わりに

実装を通して4つのOutlier Detectionの手法を解説しました。最後に、それらの手法の長所と短所について考察していきます（参考文献［39］）。

まず、ガウス分布を利用するElliptic Envelopeは楕円状の決定境界を学習しました。したがって、訓練データが単峰性でない（複数のデータのかたまりがある）場合に性能が劣化します。しかしながら、この手法は訓練データの平均と共分散をもとにするため、学習時に大きな外れ値の影響を受けにくいです。

Elliptic Envelopeが外れ値に対して影響を受けにくい一方で、OneClass SVMは外れ値の影響を受けやすいことが知られています。そのため、Outlier Detectionではあまりうまく機能せず、訓練データに外れ値が含まれていないNovelty Detectionに最も適している手法です。実際に**図4.30**を見てみると、外れ値の影響を受けた決定境界が引かれているように見えます。高次元でのOutlier Detectionや、訓練データに含まれるデータの分布に関する事前知識がない場合には、OneClass SVMをOutlier Detectionでうまく学習させるのは難しいです。

Isolation ForestとLocal Outlier Factorは、**図4.31**、**図4.32**を見てみると、Elliptic EnvelopeやOneClass SVMよりも適切に機能しているように見えます。これらは、周囲から孤立しているデータを異常なデータとして振り分けていくように学習してくため、正常データと異常データが混在しているデータセットではほかの手法よりもうまく機能しやすいです。しかしながら、Isolation Forestはほかのどの手法よりも学習時間が長いという欠点があります。また、Local Outlier Factorは各サンプルの異常スコアとその近隣のスコアを比較して異常かどうかを判断するため、新しいデータが入ってくるたびに再度学習しなおさなければならない欠点があります。

以上、異常検知として、Novelty DetectionとOutlier Detectionを解説しました。

本章では機械学習の発展的アルゴリズムとして、勾配ブースティング決定木、エルボー法とシルエット分析によるクラスタ数の検証、多様体学習を利用したt-SNEによる次元圧縮、異常検知モデルについて紹介しました。次章では機械学習システムの構築フローとモデルの性能評価について解説します。

CHAPTER

第5章

機械学習システムの構築フローとモデルの性能評価

5.1 本章の目的と概要

本章では通常のWebシステムなどの構築とは異なる、**機械学習システム構築ならではの特性や構築フロー**そして、**作成したモデルの性能評価手法**について、初学者向けにその内容を解説します。実際の業務レベルで機械学習を使用したシステムを構築・運用するには、さまざまなスキルが必要です。本書では、まずは最低限押さえておきたい基本的内容について解説を行います。

機械学習システムの構築フローは、従来の業務システムやWebシステムの構築フローとは異なり、データ分析業務の観点が必要となります。データ分析業務のフレームワークとしては、CRISP-DM、SEMMA、KDDなどが挙げられます。また、Microsoft社が提唱するデータサイエンス・フレームワークとしてTeam Data Science Process（TDSP）と呼ばれる手法もあります［40］。本章ではこれらを統合した**図5.1**に示す機械学習システムの構築フローに沿って解説を進めます。

● 図5.1　機械学習システム構築フロー

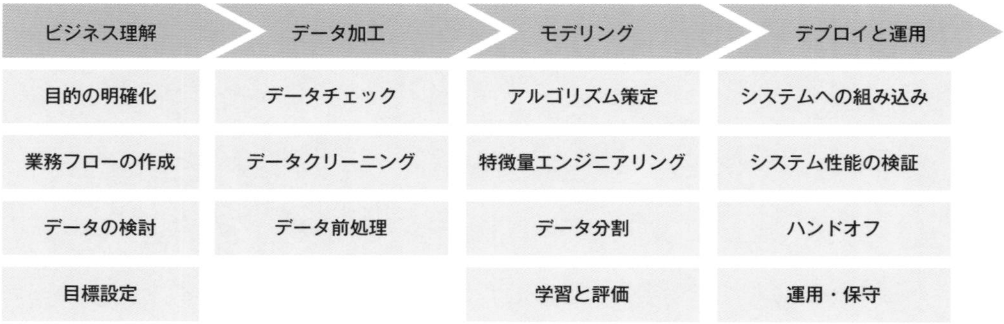

図5.1に示す機械学習システムの構築フローは大きく4つのフェイズに分かれます。**ビジネス理解**、**データ加工**、**モデリング**、**デプロイと運用**です。ただし、**図5.1**は一例であり、実際には所属する会社や部署の事情に合わせて変更を加えることになります。

また、**図5.1**は機械学習部分にフォーカスしており、ユーザーインターフェースやシステムのインフラ周りといった一般的なITシステムの構築と共通する部分は省略しています。

本章を読み終えた際に整理・定着させておきたい点は次の３点です。

- 機械学習システムの構築フローを理解する
- 「ビジネス理解」が機械学習システムの構築で重要であることを理解する
- 「入れ子式の交差検証法」を実装できるようになる

5.2 ビジネス理解

図5.1に示す機械学習システムの構築フローの1つめ、ビジネス理解について解説します。

ビジネス理解はさらに4つのフェイズに分割され、「目的の明確化」、「業務フローの作成」、「データの検討」、「目標設定」から構成されます。

目的の明確化

ビジネス理解の第1フェイズは**目的の明確化**です。「どのようなビジネス課題を解決するために機械学習システムを作るのか？」を明確にします。このフェイズで機械学習を使用するメリット、デメリットを明らかにし、機械学習を使用しない代替案がないかなども考えます。

この目的の明確化をきちんと作りこまず、「AIが流行っているからやろうと上司や顧客から言われた（目的不明確）」、「機械学習を勉強したから使ってみよう（課題不在）」、「とりあえず困りごとはあるから、機械学習でやってみよう。進めていけば解決すべき課題の詳細が見えてくるさ（課題不明瞭）」の状態でプロジェクトをスタートすると、プロジェクトが泥沼化したり、とりあえずやってみて終わってしまったり、という事態になりがちです。

機械学習・AIが社会に定着し始めた昨今、新しい技術で何かしてみようという提案が生まれるのは良いことです。その提案をきっかけに、機械学習を学んだエンジニアは、「ビジネスとして、具体的に機械学習を活用してどんな問題を解決したいのだろうか？」、「それは機械学習でなければ解決できないのだろうか？」という疑問を持ち、目的を明確にしておく必要があります。

経験上、目的の明確化はとても難しく、時間をかけて丁寧に実施すべき大切なパートだと著者らは考えています。挑戦が、PoC（Proof of Concept：本番案件の前の検証用小規模案件）で終わってしまわないように、目的の明確化、課題設定を徹底的に磨きこんでおくことが、後々のフェイズで発生する作業を容易にします。

ドメイン知識の豊富な顧客や社内の担当者とともに、既存業務の問題点や達成すべきことを、議論を通して深掘りし、課題を明らかにして、問題と課題のギャップを埋める手段として機械学習が適しているかどうかを見極める検討会などを実施することをおすすめします。

業務フローの作成

第2フェイズは**業務フローの作成**です。機械学習システムを導入した場合の業務フローを描きます。業務フローを描く目的は、機械学習システムの投資対効果（ROI：Return On Investment）を定量化することです。

機械学習システムは100%正しい判断をできるわけではありません。そのため、システムの出力結果を人がチェックし、誤判定であった場合には修正が必要となるケースが多いです（**図5.2**）。人手の業務の内容が100%機械学習に代替されて終わり、というケースは少ないです。ここできちんと業務フローを描けば、機械学習モデルの性能に応じてチェック＆修正の業務頻度や必要時間と人数（工数）が計算でき、どの程度の性能を持つ機械学習システムを構築できれば、ROIがプラスになるのかを客観的に判定できます。

● **図5.2 機械学習システム導入による業務フローの変化**
AI導入で完全に人手業務が置き換わるのではなく、人手のチェック＆修正が必要な点に注意。

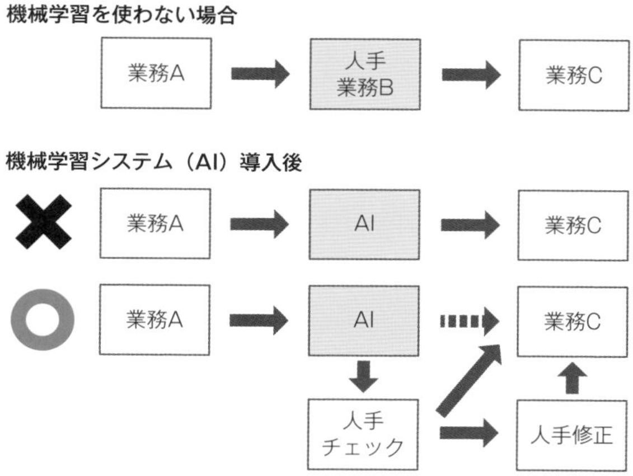

また、運用フェイズに入り、システム構築から日数が経過すると機械学習の性能は基本的に低下します。そのため、モデルの再学習という保守作業も必要となります。以上の点をふまえ、通常業務フロー、誤判定チェック業務、誤判定修正業務、保守作業を考慮した業務フローを描きます。

この**業務フローの作成**フェイズでビジネス的観点のROIを考慮せずに、「その課題の解決には機械学習の技術が役立ちそう」と、技術的観点だけに囚われてプロジェクトを開始すると、構築しても実運用されないシステムになってしまいがちです。

機械学習モデルは学習させてモデルを構築しないとその性能がわかりづらいことは確かですが、たとえ100%という完璧に近い性能のシステムを作ってもROIがほとんどプラスにならないケースでは、作らないという判断も必要です。

データの検討

第3フェイズは**データの検討**です。どのようなデータがあればプロジェクトの目的を達成するための機械学習システムを構築でき、運用できるのかを検討します。そして、そのようなデータが存在するのか、そのデータをきちんと案件担当者が手に入れられるのか、さらにはデータに対してどんな前処理が必要そうか、を検討します。前処理の詳細については、のちほど説明します。

案件担当者が現場を握れていないと「現場が忙しいので、最新データを出すのに時間がかかりそうです」、「データの一部しか出せません」といった事態が生じます。

また、扱うデータによってはデータの匿名加工化が必要になる場合があります。そのほかに、法律上や契約上の理由で、「使用したくても、対象データが実は使用不可能であった」という事実があとから判明する、という事態もあり得ます。

後々困らないように、データについて事前準備・調査をしておきましょう。また、取得したデータは、そのままの形式で機械学習に投入できる形ではないので、どんな前処理が必要か、前処理内容と工数（作業時間）を概算、検討しておきましょう。

目標設定

第4フェイズは**目標設定**です。第2フェイズで検討したROIがプラスになる機械学習システムの性能を目安に目標設定をします。ただし、機械学習システムの性能は構築してみないとわからないので、仮に受託開発の場合は契約時に目標の性能を確約するのは困難です。

また、この段階でデータが入手できていれば（一部であっても）、各変数の基本統計量や欠損値の割合などの簡単なデータ傾向を可視化しておきましょう。目的変数を予測したいので、目的変数に関するデータ傾向の確認はとくに重要です。

可視化結果をふまえてデータの統計量というファクトをベースに定量的な議論を関係者と実施でき、プロジェクトの目的のブラッシュアップや、無理のない現実的な目標設定をすることが可能になります。

また、「目的の明確化」の項でPoCという言葉が出てきましたが、一般に機械学習でPoCと呼ばれるものには2つのタイプがあります。「技術検証としてのPoC」と「ビジネスに組み込む性能確認のためのPoC」です。

「技術検証としてのPoC」とは、機械学習を利用したビジネスモデルを構築する際に、本当にそんなビジネスが可能なのか、ビジネス実現の技術的難易度を確かめるためのPoCです。

「ビジネスに組み込む性能確認のためのPoC」とは、上記の「技術検証としてのPoC」を終えている、または同様の事例が公開されていたりしていて、ビジネスモデルに組み込めそうな確度が高い場合に行います。その際に、自分たちが構築した機械学習モデルが実際にどの程度の性能が出せるのかを確認する、最適な前処理や特徴量の選択を決定する、これらを目的に行うPoCとなります。

前者の「技術検証としてのPoC」は単体で実施してお終いになりがちなので注意が必要です。実ビジネスに貢献するところまで持っていってはじめて意味があります。「技術検証としてのPoC」を実施する際には、その後の「ビジネスに組み込む性能確認のためのPoC」や本番までを見据えた計画が重要となります。

5.3 データ加工

図5.1に示す機械学習システムの構築フローの2つめ、データ加工について解説します。データ加工は3つのフェイズに分割され、「データチェック」、「データクリーニング」、「データ前処理」から構成されます。

データチェック

第1フェイズは**データチェック**です。ここではデータ数、データの属性（データの型）、欠損値の有無、外れ値の有無、矛盾値の有無をチェックします。矛盾値とは、平成生まれの90歳など、データの誤りを意味します。

本節では、scikit-learnにあるIrisデータを例にデータチェックの実装を紹介します。まずはIrisのデータを用意します（**リスト5.1**）。Irisとはアヤメ科の植物のことです。Irisのデータセットには3種類のアヤメ（setosa、versicolor、virginica）のいずれかである花の、花びらおよびがく片の長さと幅のデータが150個体分格納されています。がく片とは花びらの下にある花びらを支えている部分で、つぼみのときに花びらを覆っている外側部分です。

本節以降で構築する機械学習システムの目的は、各個体の4つの計測データ（花びらの長さと幅、がく片の長さと幅）から、その個体が3種類のアヤメのどれなのかを判定することです。教師あり学習の分類問題になります。ちなみにIrisデータセットは分散分析や最尤推定を生み出したロナルド・フィッシャー（Ronald Aylmer Fisher）が使用したデータセットであり、データサイエンス分野のチュートリアルで頻繁に使用されます。

Irisのデータセットに欠損値はないので、**リスト5.1**では意図的に1ヵ所を欠損値に書き換えています。なお、**リスト5.1**で使用しているパッケージseabornは、グラフをきれいに描画する機能を持つパッケージです。**リスト5.1**を実行すると**図5.3**が表示されます。

■ リスト5.1 Irisのデータを読み込む実装コード

```
# データの用意
import numpy as np
import pandas as pd
import seaborn as sns

df = sns.load_dataset("iris")  # Irisのデータを取得
df.iloc[0, 1] = np.NaN  # わざと欠損値を作る

# データの表示
df.head()
```


● 図5.3 Irisのデータセット内容（リスト5.1の実行結果）

	sepal_length	sepal_width	petal_length	petal_width	species
0	5.1	NaN	1.4	0.2	setosa
1	4.9	3.0	1.4	0.2	setosa
2	4.7	3.2	1.3	0.2	setosa
3	4.6	3.1	1.5	0.2	setosa
4	5.0	3.6	1.4	0.2	setosa

さっそくデータチェックを実施します。データチェックにはpandas-profilingというパッケージが便利です。Google Colaboratoryで使用する方法を、[41]を参考に解説します。**リスト5.2**を実行してください。

すると**図5.4**のようにデータチェックの結果が表示され、変数が5つ、データが150個、欠損値が0.1％存在、変数petal_widthは変数petal_lengthと相関が強いので解析には使わないほうが良いこと、変数は3つが数値型、1つがカテゴリ型、1つは使用しないことを推奨、というプロファイリング結果がわかります。また、1件、まったく同じレコード（行）が存在しており、“Dataset has 1 duplicate rows”と表示されています。

■ リスト5.2 Irisのデータチェックを行う実装コード

```
# pandas-profilingのパッケージをインストール
!pip install pandas-profiling
```

```
# データのprofileを作成
import pandas_profiling as pdp
from IPython.display import HTML

profile = pdp.ProfileReport(df)
profile.to_file(outputfile="profile.html")
HTML(filename='profile.html')
```

● 図5.4　pandas-profilingの結果（リスト5.2の実行結果）

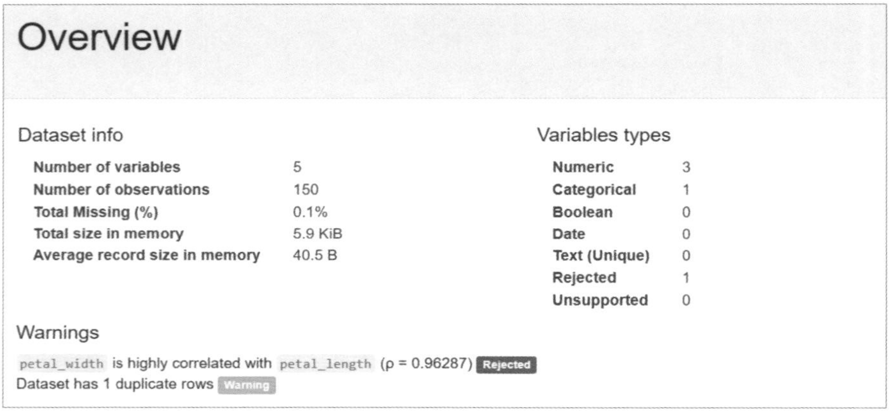

データチェックでは、アヤメの種類ごとに花びらやがく片のデータを概観することも大切です。たとえば、**リスト5.3**のコードを実行すると**図5.5**の箱ひげ図（boxplot）と**図5.6**の散布図行列（pairplot）が出力されます。hueという引数は英語で色合いという意味で、どの変数を基準にグループ分けするのかを指定しています。

■ リスト5.3　アヤメの種類ごとに花びらやがく片のデータを概観する実装コード

```
# ノートブック上にグラフを描画するように設定
%matplotlib inline

# リスト5.1で欠損値にした箇所に対する計算エラーの警告を出力させないように設定
import warnings
warnings.simplefilter('ignore')

sns.boxplot(x='species', y='sepal_width', hue='species', data=df)
sns.pairplot(df, hue='species')
```

● 図5.5 アヤメの種類（species）ごとのがく片の幅（sepal_width）の箱ひげ図

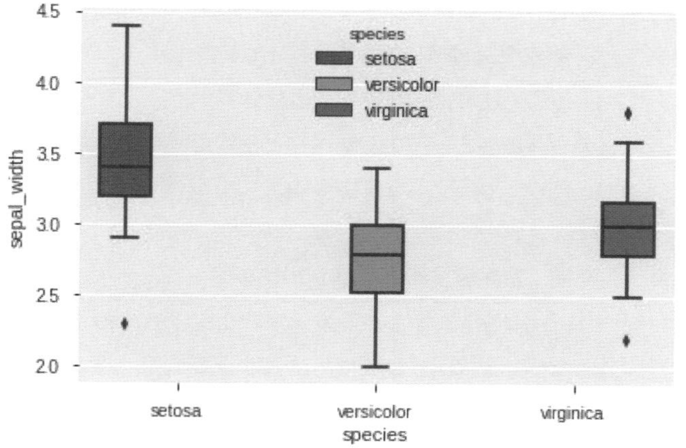

● 図5.6 各変数ごとの散布図行列（ペアプロット図）

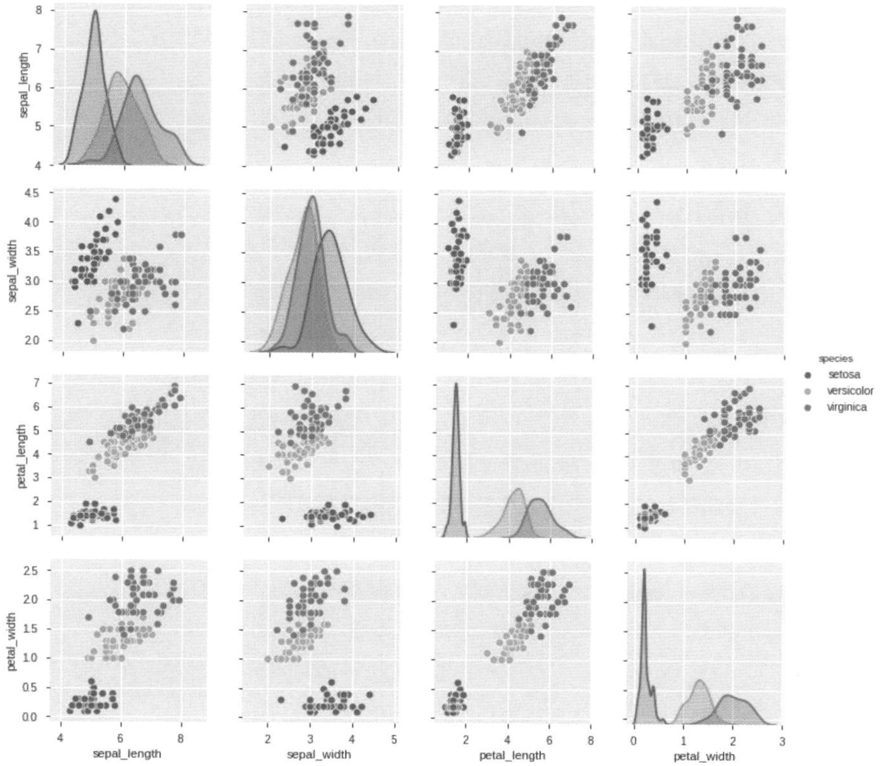

図5.5の箱ひげ図の見方を解説します。箱ひげ図はデータの分布（ばらつき度合い）を、四角形で表される「箱」と黒い線で表される「ひげ」で表したグラフです。ひげの最下部が最小値、箱の最下部が25パーセンタイル、箱の中央付近の線が50パーセンタイル、箱の最上部が75パーセンタイル、ひげの最上部が最大値に対応し、黒いひし形の点は外れ値を示します。パーセンタイルとは、データを小さい順から並べたときに全体の25％（第一四分位数）、50％（第二四分位数）、75％（第三四分位数）の順位にくるデータの値を示します。

図5.5の場合、横軸は変数speciesでアヤメの種類、縦軸は変数sepal_widthでがく片の幅の値です。たとえば青色の箱ひげ図で表されるsetosaの場合、最大値が約4.5、最小値が約2.9で、ほかの観測値から明らかに外れた値として2.4付近に外れ値が存在すると解釈できます。

また、箱ひげ図はデータセット全体の各割合（0%、25%、50%、75%、100%）の地点に横線が引かれるため、たとえば「最小値と25パーセンタイルの間の範囲」「50パーセンタイルと75パーセンタイルの間の範囲」には同じ数のデータが含まれていることを表します。パーセンタイル間の範囲が広い場合はその区間でデータにばらつきがあることを表し、逆に範囲が狭い場合はその区間でばらつきなくデータが集中していることを表します。そして、箱の高さ（25パーセンタイルから75パーセンタイルの区間）には全部で50％のデータが含まれるため、この範囲に全データの半分が存在することを表します。たとえば、**図5.5**のsetosaの場合、全データのうち半分はsepal_widthの値が約3.2～3.7の範囲に存在すると解釈できます。

次に、**図5.6**の散布図行列の見方を解説します。散布図行列は2つの変数の組ごとにデータの分布の様子（散布図）を可視化したグラフです。たとえば、左端の上から2番目のグラフは、縦軸にがく片の幅（sepal_width）、横軸にがく片の長さ（sepal_length）をとったときのデータの散布図になります。

なお、**図5.6**ではアヤメの種類ごとにデータ点を色分けしています。散布図を見たときに、目的変数であるアヤメの種類ごとにデータ点のかたまりがある程度分離している場合は、軸にとっている2つの変数が分類に効果的であると解釈できます（たとえば、**図5.6**の左端の上から3番目のpetal_lengthとsepal_lengthの関係を見ると、petal_lengthの値のみで、setosaは分離できそうとわかります）。ただし、データ点のかたまりがきれいに分離していたとしても、軸にとっている2つの変数間に相関関係がある場合は注意が必要です。たとえば、**図5.6**の3行4列目のpetal_lengthとpetal_widthは、アヤメの種類ごとにデータ点のかたまりがきれいに分かれていますが、データ点全体の傾向を見ると、横軸petal_widthの値が大きくなるにつれて縦軸petal_lengthの値も大きくなっています。この状態はpetal_widthとpetal_lengthの間に正の相関があることを表しています。この結果から、機械学習モデルの性能向上のためにどちらかの変数を削除する必要がある、という仮説を立てられます（実際に、pandas-profilingの結果（**図5.4**）でも、"petal_width is highly correlated with petal_length (ρ = 0.96287)"と表示されており、petal_widthの削除が推奨されています）。

デークリーニング

データ加工の第2フェイズは**データクリーニング**です。データクレンジングとも呼ばれ、データの欠損値、外れ値、矛盾値を修正します。修正方法はレコードを削除する、平均値へ置き換える、などさまざまです。欠損値のあるレコードを削除する場合は、次のように実行します。

```
df = df.dropna()
```

データ前処理

データ加工の第3フェイズは**データ前処理**です。データ前処理はデータを機械学習で扱える形に変換する処理です。相関の強いデータ属性や不要なデータ属性の削除などを行います。また、テキストデータを扱う場合は形態素解析と呼ばれる、文を単語に分割する処理なども行います。

5.4 モデリング

図5.1に示す機械学習システムの構築フローの3つめ、モデリングについて解説します。モデリングは4つのフェイズに分割され、「アルゴリズム策定」、「特徴量エンジニアリング」、「データ分割」、「学習と評価」から構成されます。

アルゴリズム策定

第1フェイズは**アルゴリズム策定**です。今回使用するアルゴリズムを数種類策定します。機械学習は良い性能のモデルを作るために延々と挑戦してしまいがちであるため、事前に使用するアルゴリズムを決めてしまい、プロジェクトのスコープ（今回使用するアルゴリズムの種類や範囲）を事前に定めておくことが重要です。使用可能な工数（作業時間）を考慮して、数個のアルゴリズムを策定します。

特徴量エンジニアリング

第2フェイズは**特徴量エンジニアリング**です。Irisであれば、花びらおよびがく片の長さと幅の4つの特徴量があります。特徴量エンジニアリングとは使用するアルゴリズムに合わせて入出力データになんらかの操作を行い、アルゴリズムの性能を向上させる処理です。

たとえば、入力データの属性同士の大きさが重要となるk-meansなどのアルゴリズムの場合は各特徴量を事前に正規化しました（3.3節）。

また、（説明を簡素化するため、2.2節ではパッケージmglearnで用意された特徴量エンジニアリング済みのデータを使用しましたが、）目的変数が正規分布に従うことを前提とする線形回帰などの場合は、目的変数が正規分布になるように正規化します。たとえば、株価の変動を予測したい場合、株価はときおり大きく変動します（暴落や暴騰）。株価データの場合は、変動の大きさではなく、変動の大きさの自然対数（log）を計算した値が正規分布に従うため、対数を計算した値を目的変数に使用する場合があります。

そのほか、カテゴリデータをダミー変数に置き換えるなどの操作や、入力データのレコード数が少ない場合には連続値データを離散化して順序カテゴリデータに変換する場合もあります。

データ分割

第3フェイズは**データ分割**です。説明の都合上、第2章〜第4章の実装では訓練データとテストデータの2つに分割していましたが、厳密にモデルの性能を検証する場合はこのフェイズでデータを、訓練データ、検証データ、テストデータの3つに分割します。データ数はおもに6：2：2もしくは8：1：1で分割することが多いです。

訓練データはモデルの学習に使用するデータです。検証データは訓練データで作成した学習済みモデルを比較するためのデータです。アルゴリズムやハイパーパラメータを変えたときに、どの条件のモデルが最も良いのかを判定するために使用します。テストデータは、構築したモデルの実運用時の性能を概算評価するために使用するデータです。プロジェクトの最終報告などに使用します。最終報告時に知りたいのは、構築した機械学習システムを実際に運用した際に、未知のデータに適用した際の性能です。これは**汎化性能**と呼ばれます。しかし、未知のデータに対する性能を知ることはできないので、テストデータを別途用意し、テストデータでの性能を汎化性能の代替とします。

未知のデータでの性能評価の代替なので、**アルゴリズムやハイパーパラメータの選定に使用した訓練データや検証データでの結果を、機械学習システムの汎化性能として提出してはいけません（逆にテストデータの結果やテストデータの一部を使用して、モデルを訓練したり比較したりしてはいけません）**。なぜならその結果を判定に使用して、最終的に良いアルゴリズムとハイパーパラメータを決定すると、そこに恣意《しい》性が入ってしまうからです。データを3分割せずに、訓練データと検証データに2分割して学習およびアルゴリズムやハイパーパラメータの比較を行い、検証データの結果をアルゴリズム性能と報告する誤りが、現場では起こりがちです。

このようにデータを訓練、検証、テスト用に3分割する手法をホールドアウト法（Hold-out-validation）と呼びます。しかし、ホールドアウト法はデータ数が少ない場合には、テストデータを用意することが難しい場合もあります。データ数が少ない場合には、ホールドアウト法でなく**入れ子式の交差検証法（Nested cross-validation）**を使用します（**図5.7**）。

● 図5.7　ホールドアウト法と入れ子式の交差検証法

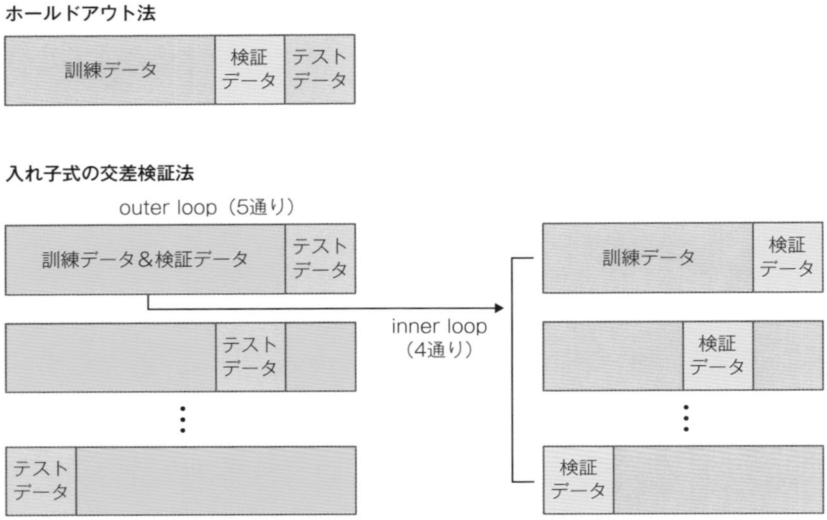

入れ子式の交差検証法では、まずouter loopとしてデータを「訓練データ＆検証データ」と「テストデータ」のかたまりに分割します。そして、inner loopとして「訓練データ＆検証データ」のかたまりを「訓練データ」と「検証データ」に分けます。

図5.7の場合6：2：2にデータサイズを分割しており、outer loopが5通り、inner loopが4通りなので、合計20通りの組み合わせを作成しています。この20通りの組み合わせに対してそれぞれの訓練データでモデルを学習させ、検証データでモデルの性能を比較し、20通りのモデルの検証データでの性能の平均値を計算します。この検証データでのモデル性能（正解率や回帰誤差など）の20通りの平均値を比較し、性能が最も良いアルゴリズムとハイパーパラメータの手法を、最終的に使用するモデルとして使用します。そして、最終モデルであらためてテストデータの性能を評価する際には、該当モデルを20通りの訓練データで学習し、20通りそれぞれに対応するテストデータで算出したモデル性能の平均値などを使用します。

学習と評価

図5.1に示す機械学習システムの構築フローのモデリングの第4フェイズでは、モデ

ルの**学習と評価**を行います。モデルの性能評価の指標には、数値を予測する回帰の場合は平均平方二乗誤差（RMSE：Root Mean Square Error）や決定係数が使用されます。クラス分類の場合には正解率（Accuracy）などが使用されます。

正解率

$$Accuracy = \frac{TP+TN}{TP+TN+FP+FN} \tag{5.1}$$

正解率は正しく予測された割合を計算します。ただし、分類問題においてモデルの性能を確認するのに、正解率だけでは不十分です。たとえば、2クラス分類を考えてみます。クラスはNegativeクラス（N）とPositiveクラス（P）の2つとします。データセットが不均衡でほとんどのデータがクラス（N）の場合、すべて（N）と判定するシステムでも正解率が高くなってしまいます。この場合、数少ない（P）を発見できません。そこで2クラスの分類（や他クラスの分類）では混同行列（confusion matrix）も一緒に使用します（**図5.8**）。

● **図5.8 混同行列**

予測したクラス

実際のクラス	P	N
P	真陽性 TP	偽陰性 FN
N	偽陽性 FP	真陰性 TN

混同行列の要素の名称（○●性）を覚えるのが難しいのですが、次のとおりとなります（名称の前半は予測が正しいかどうか、後半は実際に分類されたクラスを示します）。

- Pと予測して予測どおりPだった割合（TP、真陽性）
- Pと予測したが、実際はNだった割合（FP、偽陽性）
- Nと予測して予測どおりNだった割合（TN、真陰性）

- Nと予測したが、実際はPだった割合（FN、偽陰性）

また、モデルの分類の閾値（通常は2値分類の場合0.5）を変化させたときに、横軸に偽陽性を、縦軸に真陽性をプロットした図を**ROC曲線**（**図5.9**）と呼びます。

● 図5.9　ROC曲線

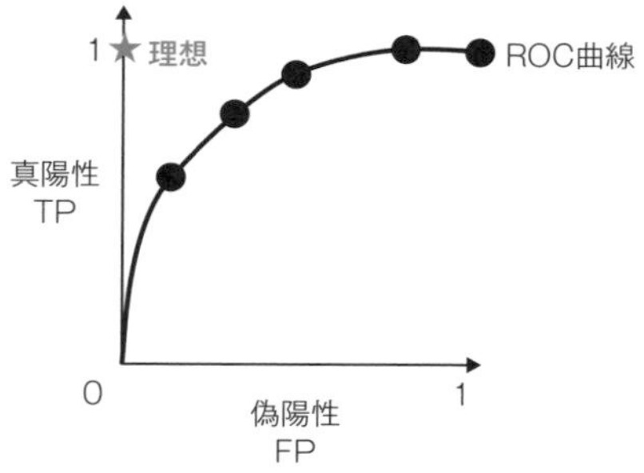

そのほか、混同行列の要素を組み合わせた適合率（Precision）と再現率（Recall）、そしてその2つの調和平均であるF1スコアも頻繁に使用されます。

適合率

$$Precision = \frac{TP}{TP+FP} \tag{5.2}$$

再現率

$$Recall = \frac{TP}{TP+FN} \tag{5.3}$$

F1スコア

$$F1 = \frac{2}{\frac{1}{Precision}+\frac{1}{Recall}} \tag{5.4}$$

2クラス分類の性能評価指標がたくさん出てきましたが、どの指標を使用するのかは解決したいビジネス課題に依存します。たとえば、病気の予測をするシステムの場合、本当は（P）の人（つまり病気の人）を（N）と判定する偽陰性は避けたいなどです。

続いて、Irisデータで入れ子式の交差検証法を用いて正解率を学習、評価する実装を

リスト5.4に示します。

■ リスト5.4 Irisで入れ子式の交差検証法を使用し、正解率を比べる実装コード

```
from sklearn.pipeline import Pipeline
from sklearn.preprocessing import StandardScaler
from sklearn.linear_model import LogisticRegression
from sklearn.model_selection import GridSearchCV, cross_val_score, KFold

# 将来的にデフォルト値が変更される警告が出力されないように設定
import warnings
warnings.simplefilter('ignore')

# 1. 前処理------
df = df.dropna()  # 欠損値のあるレコードを削除
del df['petal_width']  # データチェックの結果からpetal_lengthと相関が強いpetal_widthは削除

# カテゴリーデータであるspecies（種類）を数値データに変換
df['species'] = df['species'].map(
    {'setosa': 0, 'versicolor': 1, 'virginica': 2})

# Numpyの変数を用意
y = np.array(df['species'])
X = np.array(df.iloc[:, 0:3])  # 0, 1, 2行目の3つを取得

# 2. 入れ子式の交差検証法を行う用意
# 2.1 outer loopの設定
outer_loop = KFold(n_splits=5, shuffle=True, random_state=0)

# 2.2 inner loopの設定
inner_loop = KFold(n_splits=4, shuffle=True, random_state=0)

# 2.3 パイプライン生成
pipe = Pipeline([('scaler', StandardScaler()),
                 ('logistic', LogisticRegression())])

# 2.4 グリッドサーチの設定
```

5

```
# 比較するハイパーパラメータ設定
param_grid = {
    'logistic__C': [1, 10, 100],
}

gs = GridSearchCV(
    estimator=pipe, param_grid=param_grid, scoring='accuracy', cv=inner_loop)

# 3. 学習
val_result = np.zeros((5, 3))  # outer_loop数×ハイパーパラメータの種類
ol_index = 0  # outer_loopのindex

# outer loop
for train_val_index, test_index in outer_loop.split(X):
    X_train_val, X_test = X[train_val_index], X[test_index]
    y_train_val, y_test = y[train_val_index], y[test_index]

    # inner loop
    gs.fit(X_train_val, y_train_val)  # trainで学習し、valで評価
    val_result[ol_index] = gs.cv_results_["mean_test_score"]

    print(" outer loopの結果その{}：{}".format(ol_index+1,
                                            val_result[ol_index]))
    ol_index += 1

# 4. 評価
print("--¥n outer loopの平均結果 ：{}¥n--".format(val_result.mean(axis=0)))
# 出力すると3番目のハイパーパラメータ C=100が良いと分かる

# 5. テストデータで性能確認
clf_pipe = Pipeline([('scaler', StandardScaler()),
                     ('logistic', LogisticRegression(C=100))])
il_index = 0  # inner-loopのindex
test_result = np.zeros(5*4)  # outer_loop数×inner_loop数
```

```
# outer loop
for train_val_index, test_index in outer_loop.split(X):
    X_train_val, X_test = X[train_val_index], X[test_index]
    y_train_val, y_test = y[train_val_index], y[test_index]

    # inner loop
    for train_index, val_index in inner_loop.split(X_train_val):
        X_train, X_val = X_train_val[train_index], X_train_val[val_index]
        y_train, y_val = y_train_val[train_index], y_train_val[val_index]

        clf_pipe.fit(X_train, y_train)  # trainで学習し
        test_result[il_index] = clf_pipe.score(X_test, y_test)  # testの正解率を求める

        print(" inner loopの結果その{}：{}".format(il_index +
                                                    1, test_result[il_index]))
        il_index += 1

print("--¥n テストデータの平均正解率：{}".format(test_result.mean()))
```

リスト5.4の実装内容を解説します。「1. 前処理」では、欠損値のあるレコードを削除しています。続いて、データチェックでほかの属性と相関が大きかったpetal_widthの属性を削除しました。種類speciesはテキストデータのままではscikit-learnで扱えないので、数値へ変換しています。最後に、scikit-learnで扱えるようにデータをNumPyの変数として用意します。

「2. 入れ子式の交差検証法を行う用意」では、まずouter loopを設定するオブジェクトを、KFoldを使用して作成しています。今回、訓練データ：検証データ：テストデータを6：2：2で作成することにし、outer_loopでは5つのかたまりに分割しています。続いて、inner loopの設定をしています。inner_loopではデータを4つのかたまりに分けています。

次に、PipelineとGridSearchCVを設定しています。Pipelineはscikit-learnの複数のデータ処理をひとまとめにして、同じデータに対してデータ処理を順番に実行する手法です。1つずつ処理を書くと面倒ですし、複数のデータ処理を別々に実行すると各処理

で使用するデータを間違えてしまう実装ミスが生じやすいので、Pipelineでまとめておきます。**リスト5.4**では、正規化（StandardScaler）とロジスティック回帰（Logistic Regression）の処理をひとまとめにしています。

GridSearchCVはハイパーパラメータをあらかじめ指定した条件で変化させ、どのパラメータ値が良いのかを交差検証（Cross Validation）する手法です。今回はロジスティック回帰のハイパーパラメータC（正則化の強さの逆数）を1、10、100と変更し、どれが最も良いのか比較しています。GridSearchCVのデータ分割には、先に設定したinner_loopのオブジェクトを使用しています。GridSearchCVの引数cvにinner_loopのオブジェクトを指定すると、あとはGridSearchCVの実行時に自動的にデータセットが4分割され、そのうち3つを訓練データ、1つを検証データとして使用する処理を4パターン実行してくれます。

「3. 学習」では、outer loopとinner loopを実行し、訓練データで学習して、検証データで正解率を求めています。outer_loop.split(X)で、データ変数Xを「訓練データと検証データ」と「テストデータ」に分割する際のデータのindexを求めています。inner loopはGridSearchCVになっており、4通りのinner loopの平均正解率を計算し、outer loop1回分の結果を表示しています。

「4. 評価」では、5通りのouter loopの平均結果を求め、3通りのハイパーパラメータについて、検証データでの正解率の平均値を表示しています。この結果からC＝100が最も良いので、この値を最終モデルとして使用します。

「5. テストデータで性能確認」では、検証データから決定したC＝100のモデルにおける、テストデータの性能を確認します。まず、C＝100とした最終的なPipelineのオブジェクトclf_pipeを設定します。20通りのデータ分割について、訓練データで学習し、テストデータでの正解率を求めています。最後に20個の正解率の平均値を求め、テストデータでの性能を導出しています。

リスト5.4の実行結果を**図5.10**に示します。テストデータでの平均正解率は0.951となりました。この結果は、「今後Irisの未知データに対して、C = 100と設定したロジスティック回帰を運用した場合、95.1％の確率で正しい種類を分類する汎化性能があると考えられる」と解釈できます。

● 図5.10 リスト5.4の実行結果

```
outer loopの結果その1：[0.90689655 0.94942529 0.95775862]
outer loopの結果その2：[0.89913793 0.96637931 0.96637931]
outer loopの結果その3：[0.91637931 0.93304598 0.94137931]
outer loopの結果その4：[0.90747126 0.92471264 0.92471264]
outer loopの結果その5：[0.925      0.95       0.95833333]
--
outer loopの平均結果 ：[0.91097701 0.94471264 0.94971264]
--
inner loopの結果その1：0.9666666666666667
inner loopの結果その2：0.9333333333333333
（..略..）
inner loopの結果その19：0.9655172413793104
inner loopの結果その20：0.9655172413793104
--
テストデータの平均正解率：0.9514367816091953
```

5.5 デプロイと運用

図5.1に示す機械学習システムの構築フローの最後、デプロイと運用は4つのフェイズに分割され、「システムへの組み込み」、「システム性能の検証」、「ハンドオフ」、「運用・保守」から構成されます。

システムへの組み込み

システムへの組み込みは、構築した機械学習モデルを、実際の運用システムもしくは運用を模したテスト環境へ組み込みます。この際、モデルの学習時に使用したパイプラインと同じ前処理を運用データに適用できるように、システムにデータ前処理を構築します。

また、システムに組み込む学習済みモデルはテストデータに対する汎化性能が最も高かったモデルを使用します。**リスト5.4**の場合、「5. テストデータで性能確認」のブロックで20通りの訓練データで学習した20個のロジスティック回帰モデルのうち、テストデータに対する汎化性能が最も高かったモデルを採用してシステムに組み込みます（どのテストデータのモデルを使用するのかについてはさまざまな思想があり、どれが最も良いかは難しいところです。全20個のモデルのアンサンブルした平均結果の使用なども考えられます）。今回の実装例は入れ子式の交差検証法のため、20通りのモデルがありますが、ホールドアウト法であればテストデータを試したモデルは1つしかないので、そのモデルを実装に使用します。

システム性能の検証

システム性能の検証では、運用システムの性能が、5.2節のビジネス理解のフェイズで設定した目標どおりになっているかを検証します。ここでは機械学習部分の性能検証だけでなく、推論の処理時間など非機能要件の性能も検証する必要があります。

ハンドオフ

ハンドオフでは、プロジェクトの最終レポートや運用手順書などの必要ドキュメントを作成し、ドキュメントとシステムを担当部署や顧客へと引き渡します。

運用・保守

ハンドオフ後には**運用・保守**の必要があります。月日が経つにつれ、訓練データと最新のデータの性質は異なるものになり、機械学習システムの性能は低下します。そのため、最新のデータに合わせたモデルの再学習が必要となります。また、再学習後に挙動が不安定となった場合の原因調査に必要となるので、再学習したモデルのバージョン管理や再学習に使用した訓練データの管理も重要です。

デプロイと運用・保守の作業を効率化するために、クラウドベンダーやAIベンダーが提供しているサービスやプラットフォームを使用し、モデルのバージョン管理、デプロイ、性能モニタリング、再学習前後の機械学習モデルの切り替えなどを簡単かつ一貫して実施するアプローチもあります。

終わりに

以上、本章では機械学習システムならではの特性や構築フローおよび作成したモデルの性能評価手法について、基本的な知識を解説しました。機械学習アルゴリズムの知識を武器として実際の業務に適用していくために、ビジネス理解、データ加工、モデリング、デプロイと運用の4つのフェイズでそれぞれ必要になる観点を覚えておいてください。

最近ではAutoMLのように自動で機械学習モデルを構築できるツールも増えてきました。ですが、本章で説明した機械学習システムの構築フローのとくに最初と最後、**ビジネス理解**、**デプロイと運用**については人の力が大切になります。

今後AutoMLのような自動で実施される機械学習が盛んになれば、**データ加工**、**モデリング**の部分はある程度、自動化ツールに任せられるようになるでしょう。

それでも、

- ビジネス理解の「目的の明確化」、「業務フローの作成」、「データの検討」、「目標設定」
- デプロイと運用の「システムへの組み込み」、「システム性能の検証」、「ハンドオフ」、「運用・保守」

は、その企業の現場や経営の状況に合わせて、フローを進められるデータサイエンティストやデータサイエンス・コンサルタントの存在が重要です。

また、**データ加工**、**モデリング**がある程度ツールで解決できるようになり、AutoMLで良いモデルを自動で構築したとしても、構築されたモデルの動作原理を誰も理解・説明できなければ、ビジネスでは使用できません。そのため、本書で取り上げたレベル感で機械学習の各アルゴリズムの中身を理解しておくことは、たとえAutoMLを使用できる場合でも重要となります。

本書はコードの各行に関する細かい説明は少なく、実際にアルゴリズムを動かすこと、そしてそのアルゴリズムの動作原理をAIエンジニアとして必要とされるレベルで理解していただくことを目的に執筆しました。ページ数の割には濃い内容になっており、一読での完全理解は難しいかと思います。

ぜひ本書を複数回、読み直してみて、理解を深めてください。

付録

A.1 Google Colaboratoryの利用方法

サンプルコード(既存のipynbファイル)の利用

本節では、著者のGitHubもしくは技術評論社のサポートページからダウンロードした実装コードを、Google Colaboratoryで利用する方法を紹介します。サポートページからダウンロードできる実装コードは、Jupyter Notebook(詳細はA.2節参照)のノートブック形式のファイル(ipynbファイル)です。Google Colaboratoryというクラウドサービスにアップロードすることにより、簡単に実行することができます。

Google Colaboratoryを利用するには、ブラウザから次のURLにアクセスします。

Google Colaboratory

- https://colab.research.google.com/

図A.1の画面が表示されたら、[アップロード]をクリックします[注1]。次に[ファイルを選択]をクリックし、ファイル選択画面が表示されたら、利用したいipynbファイルを選択します。

注1　図A.1の画面が表示されない場合は、画面左上のメニューから[ファイル]→[ノートブックをアップロード]を選択してください。

● 図A.1 ファイルのアップロード

すると、ファイルがアップロードされ、**図A.2**のようにノートブックが開きます。各セルには紙面と同じコードが記入されています。セルを選択して Shift キー＋ Enter キーを押すことで、選択中のセルに書かれているコードを実行できます。

● 図A.2 サンプルコードを実行

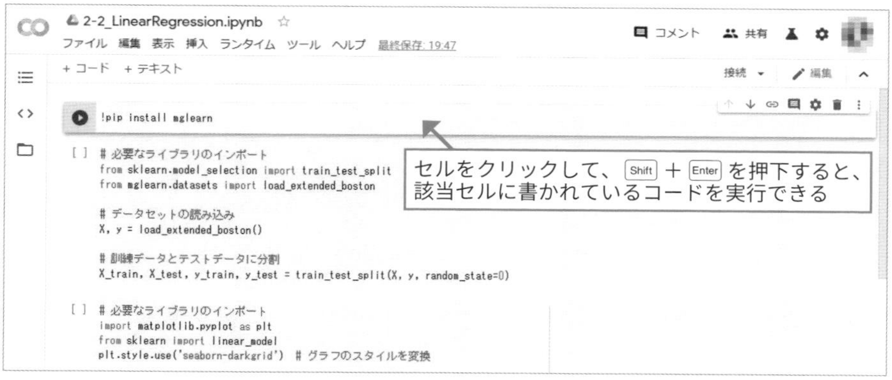

そのほかの詳しい使い方は、Google Colaboratoryのサイトの情報[注2]をご確認ください。

注2 https://colab.research.google.com/notebooks/welcome.ipynb?hl=ja

A.2 ローカルPCに機械学習の実装・実行環境を整える方法

Python実行環境Anacondaのインストール

本節では、ローカルPCに機械学習の実装・実行環境を整えたい読者の方向けに、Jupyter NotebookによるPythonの実装・実行環境を構築する方法を紹介します。

本付録で紹介するローカル環境構築では、**Anaconda**と呼ばれるディストリビューションを使用します。Anacondaにはscikit-learnを含むPythonの機械学習関連のライブラリがまとまっています。

Windowsユーザー向けに解説しますが、macOSやLinuxの場合も基本的には同様となります。また、機械学習の分野は変化が激しいので、最新の情報はネット上のものも参考にしてみてください。たとえば、"Python Anaconda mac 環境構築"などで検索すると、構築方法の情報が見つかります。

以下のAnacondaのダウンロードページから、自分のPC環境に合ったAnacondaインストールファイルをダウンロードしてください。基本的にはPython2.系ではなくPython3.系バージョンを選ぶのをおすすめします（**図A.3**）。

Anacondaのダウンロードページ

- https://www.anaconda.com/distribution/#download-section

● 図A.3 Anacondaのダウンロード

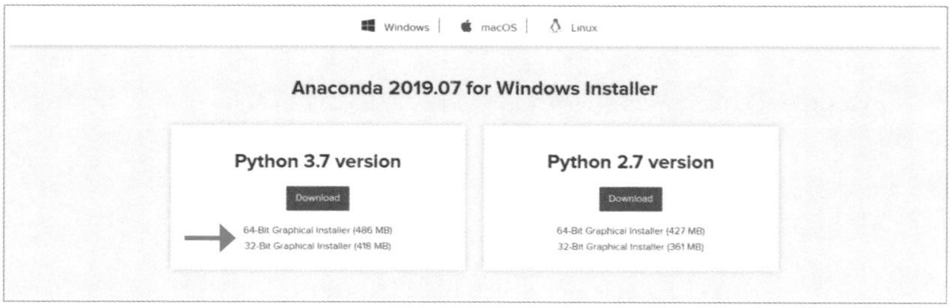

インストールファイルのダウンロードが完了したら、ファイルをダブルクリックしてインストールを開始します。インストール作業は各画面で、[Next]、[I Agree] とクリックし、インストール先は“Just Me”のまま [Next] をクリックします。フォルダパスはデフォルトのまま [Next] をクリックします。その後、Advanced Installation Optionsの設定画面（**図A.4**）になります。

図A.4の“Add Anaconda to my PATH environment variable”にチェックを入れて、[Install] をクリックします。

● 図A.4　Anacondaインストール設定画面

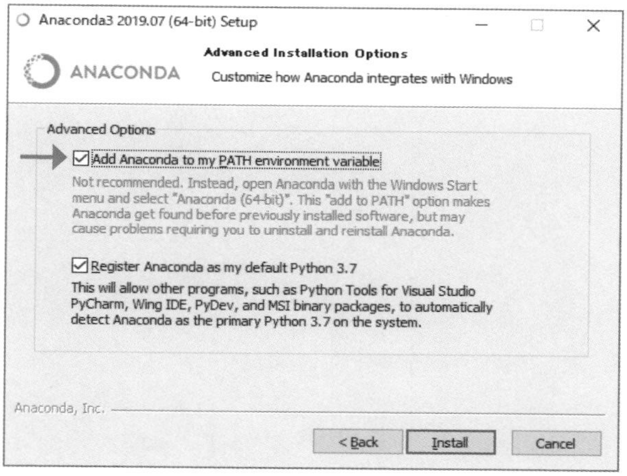

インストールができたら、プログラムを実行するための仮想環境を構築します。Windowsのスタートメニューから [Anaconda Navigator] をクリックし起動させます。立ち上がったHome画面（**図A.5**）の左端のメニューの上から2番目の [Environments] をクリックし、環境設定画面を開きます。

● 図A.5 Anaconda Navigatorの起動画面

環境設定画面の左から2列目のブロックの一番下に［Create］ボタンがあるのでクリックします（**図A.6**）。

● 図A.6 Anacondaでの仮想環境構築

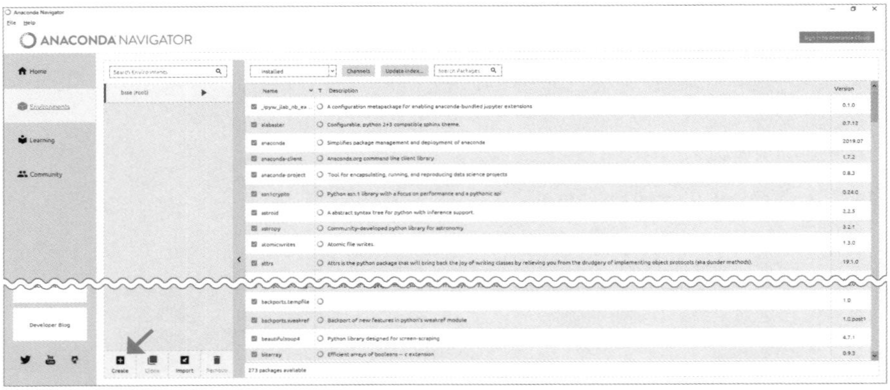

すると、**図A.7**のCreate new environment画面が表示されるので、各項目を入力します。構築する仮想環境名（Name）は任意ですが、本付録では「ml_env」とします。Machine Learningの仮想環境という意味です。

Pythonのバージョンは3.7に設定します[注3]。そして、［Create］をクリックすると新

注3 本書執筆時点でGoogle ColaboratoryのPythonのバージョンは3.6なので、予期せぬエラーが発生するかもしれません。その場合は本書サポートサイト［11］からお問い合わせください。また、バージョン3.6の環境を構築したい場合はAnacondaのアーカイブ「https://repo.anaconda.com/archive/」から古いインストールファイルをダウンロードしてください。

たな仮想環境が構築されます。仮想環境構築の際、Anaconda Updateの画面が開いた場合は、Updateを実施してください。

● 図A.7 仮想環境の名称とPythonのバージョンを入力

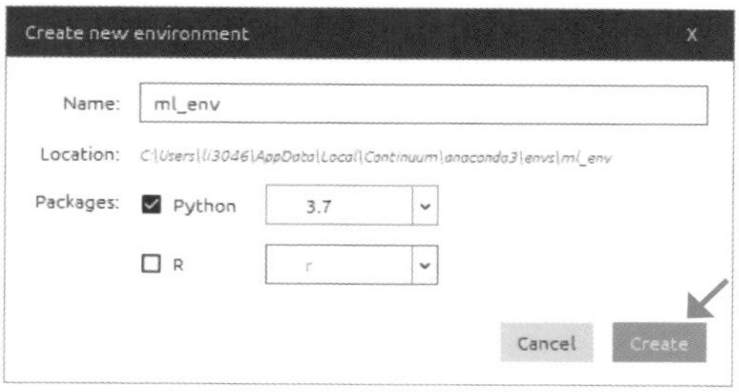

機械学習に必要なライブラリのインストール

続いて、本書の機械学習の実装・実行に必要なパッケージをインストールします。Anaconda Navigatorを立ち上げたら、左端の[Environments]をクリックし、環境設定画面に移動してください。作成した仮想環境「ml_env」の横の[▶]をクリックし[Open Terminal]を選択します。するとターミナル画面が立ち上がります。

ターミナル画面で新たにパッケージをインストールします（**図A.8**）。

● 図A.8 ターミナルからパッケージをインストール

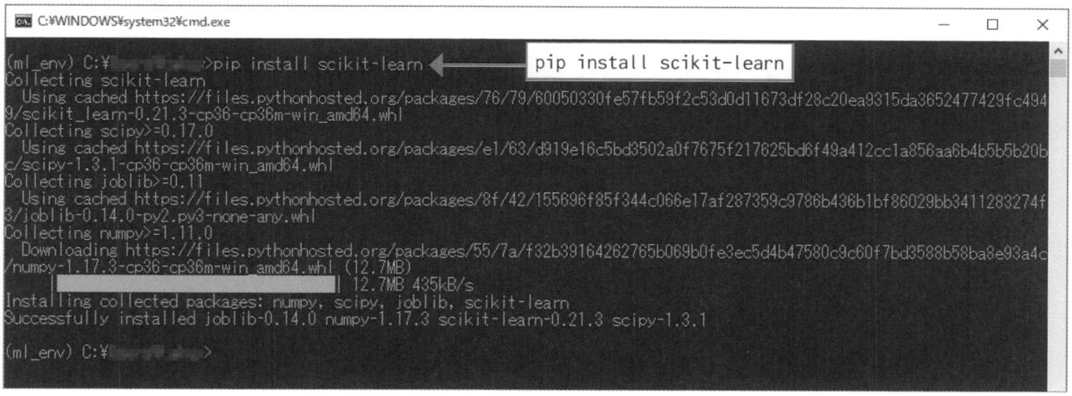

次のコマンドを1つずつ実行してください。なお、数値計算ライブラリNumPyや可視化用ライブラリMatplotlibなどは、scikit-learnやそのほかのパッケージのインス

トール時に一緒にインストールされるため、コマンドを実行してインストールする必要はありません。すべてのパッケージのインストールが完了したらターミナル画面を閉じてください。

```
> pip install scikit-learn
> pip install mglearn
> pip install mlxtend
> pip install pandas-profiling
```

`pip install`や`conda install`は他人が作ったPythonパッケージ（ライブラリ）を自分の環境にインストールするコマンドです。pipでインストールできるパッケージはPyPI（the Python Package Index）と呼ばれるサービスで管理されています。condaの場合はさらに、Anacondaでも管理されています。

ただし、pipもしくはcondaでインストールするライブラリは他人が作ったものなので、そのプログラムが自分のPCのほかのプログラムに悪影響を与える可能性があります。そのため、仮想環境を作って閉じた環境内にインストールするのが一般的です。今回インストールしたパッケージは、本編の実装で必要なパッケージになります。

以上で、Windowsで機械学習を実装・実行する環境が構築されました。

Jupyter Notebookのインストールと起動

続いて、Jupyter Notebookを使用して機械学習を実装・実行するために、Jupyter Notebookをインストールします。Anacondaの左端のメニューの［Home］をクリックします。**図A.9**の画面になるので、①画面上の“Applications on”の選択肢が、作成した仮想環境名（ml_env）になっていることを確認し、②Jupyter Notebookの［install］をクリックします。インストールが完了すると［install］が［Launch］に変わります。

● 図A.9 ホーム画面からJupyter Notebookをインストール

Jupyter Notebookを開くときは、ホーム画面で“Applications on”の選択肢を、作成した仮想環境名（ml_env）にしてから、Jupyter Notebookの［Launch］をクリックします。もしくは構築した仮想環境で開いたターミナル画面で、次のコマンドを入力します。

```
> jupyter notebook
```

［Launch］のクリックまたは上記のコマンドを実行後、Webブラウザ上でJupyter Notebookが開きます。Jupyter Notebookが開いたら、ノートブックを作成します。ノートブックを作成・保存したいフォルダに移動したあと、画面右上にある［New］をクリックし、［Python 3］を選択します（**図A.10**）。

● 図A.10 新しいノートブックを作成

［Python 3］をクリックすると、新しいノートブックが作成されます（**図A.11**）。Jupyter Notebookの操作はGoogle Colaboratoryと同様で、セルに実装コードを入力

し、Shift キー＋ Enter キー（セルのコードを実行）または、Alt キー＋ Enter キー（セルのコードを実行し、下に新しいセルを追加）を押すと選択中のセルのコードが実行されます。

● 図A.11　ノートブック

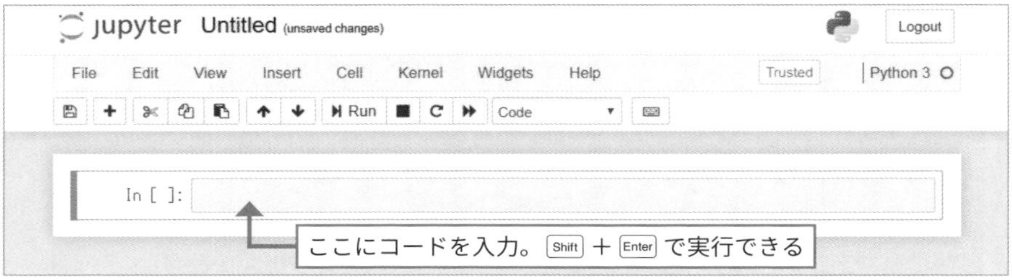

サンプルコード（既存のipynbファイル）の利用

著者のGitHubもしくは技術評論社のサポートページからダウンロードした実装コード（ipynbファイル）を利用する場合は、**図A.12**の①画面の右上の［Upload］をクリックします。ファイル選択画面が表示されたら、利用したいipynbファイルを選択します。すると、画面の一覧に該当ファイルが表示されるため、②その右側にある［Upload］をクリックします。これで、実装コードを追加できます。

図A.12の画面から、追加したipynbファイル名をクリックしてノートブックを開きます。セルには紙面と同じコードが記入されているので、セルを選択して Shift キー＋ Enter キーを押せば、コードを実行できます。

● 図A.12　ipynbファイルをアップロード

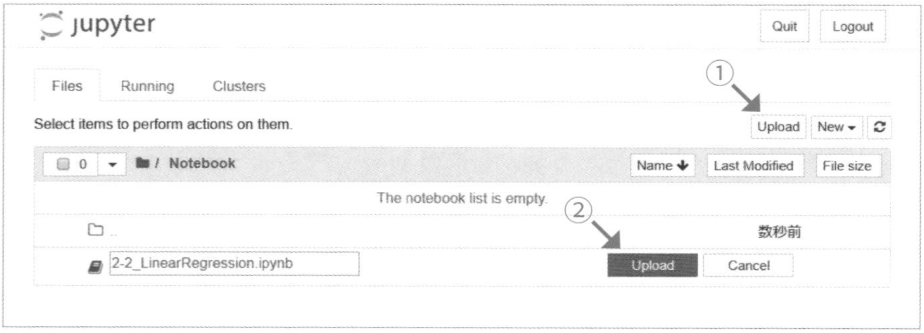

ノートブックの保存とシャットダウン

最後に、編集したノートブックを保存し、シャットダウンします。編集後のノートブックは画面左上のファイル保存ボタンをクリックすると保存できます（**図A.13**）。

● 図A.13 ノートブックの保存

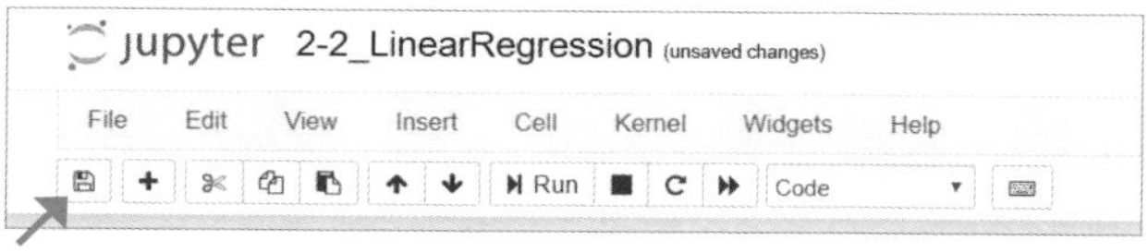

ノートブックの保存が完了したあとは、Jupyter Notebook上でシャットダウンします（このノートブック実行用にメモリなどを確保・使用しているのでそれらを解放します）。Webブラウザ上のノートブックが開かれているタブを閉じ、Jupyter Notebookのホーム画面からノートブックをシャットダウンします（**図A.14**）。①シャットダウンしたいノートブックにチェックを入れ、②画面左上の［Shutdown］ボタンをクリックします。ノートブックのファイル名の横にあるアイコンが緑色からグレーに変わるのを確認し、WebブラウザおよびAnaconda Navigatorを閉じます。

● 図A.14 ノートブックのシャットダウン

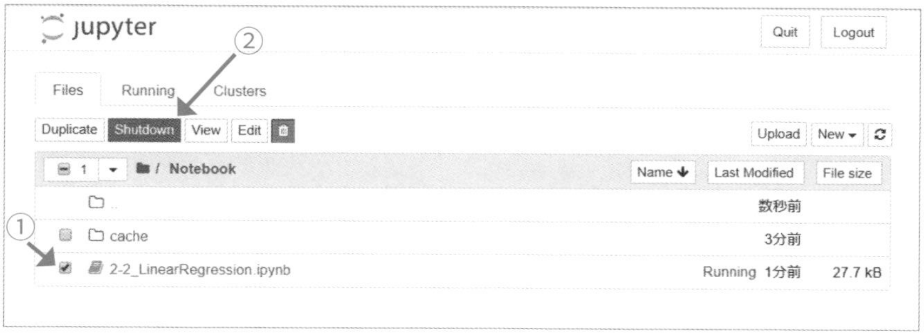

以上、ローカルPCで機械学習を実装・実行できる環境を整える方法を紹介しました。

参考サイト・文献

[1] 機械学習工学研究会 公式サイト
https://sites.google.com/view/sig-mlse

[2] Mastering the game of Go with deep neural networks and tree search
https://www.nature.com/articles/nature16961

[3] Mastering the game of Go without human knowledge
https://www.nature.com/articles/nature24270

[4] 『つくりながら学ぶ！深層強化学習　PyTorchによる実践プログラミング』
株式会社電通国際情報サービス 小川雄太郎 著、マイナビ出版、2018年
https://book.mynavi.jp/manatee/books/detail/id=91985

[5] Kaggle 公式サイト
https://www.kaggle.com/

[6] Qiita 公式サイト
https://qiita.com/

[7] connpass 公式サイト
https://connpass.com/

[8] scikit-learn公式ドキュメント Choosing the right estimator
https://scikit-learn.org/stable/tutorial/machine_learning_map/

[9] Try Jupyter 公式サイト
https://jupyter.org/try

[10] Google Colaboratory 公式サイト
https://colab.research.google.com/

[11] 本書サポートページ
https://github.com/shimitaku/MachineLearning-Book/

[12]『Pythonではじめる機械学習 ―― scikit-learnで学ぶ特徴量エンジニアリングと機械学習の基礎』
Andreas C. Muller、Sarah Guido 著、中田秀基 訳、オライリー・ジャパン、2017年
https://www.oreilly.co.jp/books/9784873117980/

[13]『機械学習のための特徴量エンジニアリング ―― その原理とPythonによる実践』
Alice Zheng、Amanda Casari 著、株式会社ホクソエム 訳、オライリー・ジャパン、2019年
https://www.oreilly.co.jp/books/9784873118680/

[14]『これなら分かる最適化数学　―基礎原理から計算手法まで―』
金谷健一 著、共立出版、2005年
http://www.kyoritsu-pub.co.jp/kenpon/bookDetail/9784320017863

[15]『パターン認識と機械学習 上　ベイズ理論による統計的予測』
C.M. ビショップ 著、元田浩、栗田多喜夫、樋口知之、松本裕治、村田昇 監訳、丸善出版、2012年
https://www.maruzen-publishing.co.jp/item/b294524.html

[16]『スパース推定法による統計モデリング』
川野秀一、松井秀俊、廣瀬慧 著、共立出版、2018年
https://www.kyoritsu-pub.co.jp/bookdetail/9784320112575

[17] scikit-learn公式ドキュメント Elastic-Net
http://scikit-learn.org/stable/modules/linear_model.html#elastic-net

[18] scikit-learn公式ドキュメント LogisticRegression
http://scikit-learn.org/stable/modules/generated/sklearn.linear_model.LogisticRegression.html

[19] scikit-learn公式ドキュメント LinearSVC
http://scikit-learn.org/stable/modules/generated/sklearn.svm.LinearSVC.html

[20] scikit-learn公式ドキュメント SVC
http://scikit-learn.org/stable/modules/svm.html#svc

[21]『パターン認識と機械学習 下　ベイズ理論による統計的予測』
C.M. ビショップ 著、元田浩、栗田多喜夫、樋口知之、松本裕治、村田昇 監訳、丸善出版、2012年
https://www.maruzen-publishing.co.jp/item/b294551.html

[22] Bias in random forest variable importance measures: Illustrations, sources and a solution
https://bmcbioinformatics.biomedcentral.com/articles/10.1186/1471-2105-8-25

[23]『[第2版] Python機械学習プログラミング　達人データサイエンティストによる理論と実践』
Sebastian Raschka、Vahid Mirjalili 著、株式会社クイープ 訳、福島真太朗 監訳、インプレス、2018年
https://book.impress.co.jp/books/1117101099

[24]『自然言語処理の基礎』
奥村学 著、コロナ社、2010年
http://www.coronasha.co.jp/np/isbn/9784339024517/

[25] scikit-learn公式ドキュメント Text Feature Extraction
http://scikit-learn.org/stable/modules/feature_extraction.html#text-feature-extraction

[26] scikit-learn公式ドキュメント Naive Bayes
http://scikit-learn.org/stable/modules/naive_bayes.html

[27] scikit-learn公式ドキュメント Importance of Feature Scaling
http://scikit-learn.org/stable/auto_examples/preprocessing/plot_scaling_importance.html

[28]『プログラミングのための線形代数』
平岡和幸、堀玄 著、オーム社、2004年
https://www.ohmsha.co.jp/book/9784274065781/

[29] XGBoost: A Scalable Tree Boosting System
https://arxiv.org/abs/1603.02754

[30] LightGBM: A Highly Efficient Gradient Boosting Decision Tree
https://www.microsoft.com/en-us/research/publication/lightgbm-a-highly-efficient-gradient-boosting-decision-tree/

[31] scikit-learn公式ドキュメント make classification
https://scikit-learn.org/stable/modules/generated/sklearn.datasets.make_classification.html

[32] scikit-learn公式ドキュメント Gradient Boosting Classifier
https://scikit-learn.org/stable/modules/generated/sklearn.ensemble.GradientBoostingClassifier.html

[33] YouTube: Gradient Boost Part 3: Classification
https://www.youtube.com/watch?reload=9&v=jxuNLH5dXCs&t

[34] Introduction to Boosted Trees
https://homes.cs.washington.edu/~tqchen/pdf/BoostedTree.pdf

[35] scikit-learn公式ドキュメント Comparison of Manifold Learning methods
https://scikit-learn.org/stable/auto_examples/manifold/plot_compare_methods.html#sphx-glr-auto-examples-manifold-plot-compare-methods-py

[36] Stochastic Neighbor Embedding
https://www.cs.toronto.edu/~fritz/absps/sne.pdf

[37] ALBERT Official Blog　t-SNEを用いた次元圧縮方法のご紹介
https://blog.albert2005.co.jp/2015/12/02/tsne/

[38] Isolation Forest
https://cs.nju.edu.cn/zhouzh/zhouzh.files/publication/icdm08b.pdf

[39] scikit-learn公式ドキュメント Comparing anomaly detection algorithms for outlier detection on toy datasets
http://scikit-learn.org/stable/auto_examples/plot_anomaly_comparison.html#sphx-glr-auto-examples-plot-anomaly-comparison-py

[40] Team Data Science Processのドキュメント
https://docs.microsoft.com/ja-jp/azure/machine-learning/team-data-science-process

[41] pandas-profilingが探索的データ解析にめちゃめちゃ便利だった件－GoogleColab編
https://qiita.com/wakame1367/items/39faf5d91e20a5cf5772#_reference-a12e589891bdd7bf36e5

索 引

謝　辞

本書を執筆するにあたり、株式会社電通国際情報サービスの幸坂知樹さん、福本浩一さん、木村平さん、井上雅人さん、土屋尚友さん、芝田潤さん、中村年宏さん、深谷勇次さん、渋谷謙吾さん、稲村博央さん、そして、社内のDataTechコミュニティの機械学習有識者のみなさまには、技術的ディスカッションや温かい励ましなどを通じて、たくさんのご指導をいただきました。

そして何より、本書は株式会社技術評論社の吉岡高弘さんのご提案ならびに多くのアドバイスとフィードバックによって、出版にまでいたることができました。

本書の執筆作業を身近で支えてくれた家族を含め、ご協力いただいたみなさまに心より感謝申し上げます。

2019年11月
清水琢也、小川雄太郎

著者紹介

清水 琢也（しみず たくや）

電通国際情報サービス X（クロスイノベーション）本部・オープンイノベーションラボ、AIテクノロジー部に所属。ディープラーニングをはじめとした機械学習関連技術の社会課題への応用、研究開発、およびデータ解析業務を担当。関西学院高等部、関西学院大学理工学部を経て、関西学院大学大学院、岡留研究室にて確率的生成モデルの研究に従事。2016年4月より現職。

- GitHub：https://github.com/shimitaku

小川 雄太郎（おがわ ゆうたろう）

電通国際情報サービス X（クロスイノベーション）本部・AIテクノロジー部に所属。ディープラーニングをはじめとした機械学習関連技術の研究開発、コンサルティング、ソリューション開発、産学連携に従事。明石工業高等専門学校、東京大学工学部を経て、東京大学大学院、神保・小谷研究室にて脳機能計測および計算論的神経科学の研究に従事し、2016年に博士号（科学）を取得。東京大学特任研究員を経て、2017年4月より現職。本書のほかに、『つくりながら学ぶ！PyTorchによる発展ディープラーニング』（マイナビ出版、2019年7月）なども執筆。

- GitHub：https://github.com/YutaroOgawa
- Qiita：https://qiita.com/sugulu

カバーデザイン　小川 純（オガワデザイン）
本文設計・組版　BUCH⁺
編集担当　吉岡 高弘

Software Design plus《ソフトウェア デザイン プラス》シリーズ
AI《エーアイ》エンジニアを目《め》指《ざ》す人《ひと》のための機械学習入門《きかいがくしゅうにゅうもん》
実装《じっそう》しながらアルゴリズムの流《なが》れを学《まな》ぶ

2020年4月25日　初　版　第1刷発行

著　者　電通国際情報《でんつうこくさいじょうほう》サービス　清水《しみず》 琢也《たくや》、小川《おがわ》 雄太郎《ゆうたろう》
発行者　片岡 巌
発行所　株式会社技術評論社
東京都新宿区市谷左内町21-13
電話　03-3513-6150　販売促進部
03-3513-6170　雑誌編集部
印刷／製本　株式会社加藤文明社

定価はカバーに表示してあります。

ISBN978-4-297-11209-7 C3055
Printed in Japan

■お問い合わせについて
本書の内容に関するご質問につきましては、下記の宛先までFAXまたは書面にてお送りいただくか、弊社ホームページの該当書籍コーナーからお願いいたします。お電話によるご質問、および本書に記載されている内容以外のご質問には、一切お答えできません。あらかじめご了承ください。
また、ご質問の際には「書籍名」と「該当ページ番号」、「お客様のパソコンなどの動作環境」、「お名前とご連絡先」を明記してください。

【宛先】
〒162-0846
東京都新宿区市谷左内町21-13
株式会社技術評論社　雑誌編集部
「AIエンジニアを目指す人のための
機械学習入門」　質問係
FAX：03-3513-6179

■技術評論社Webサイト
https://gihyo.jp/book

お送りいただきましたご質問には、できる限り迅速にお答えするよう努力しておりますが、ご質問の内容によってはお答えするまでに、お時間をいただくこともございます。回答の期日をご指定いただいても、ご希望にお応えできかねる場合もありますので、あらかじめご了承ください。
なお、ご質問の際に記載いただいた個人情報は質問の返答以外の目的には使用いたしません。また、質問の返答後は速やかに破棄させていただきます。